建筑设计与室内设计草图表现

SKETCHING FOR ARCHITECTURE AND INTERIOR DESIGN

［英］斯蒂芬妮·特拉维斯（Stephanie Travis） 著

张萃 译

机械工业出版社
CHINA MACHINE PRESS

草图表现是一种帮助你观察事物的方法。在草图表现中，你需要从更深的维度包括形状、形态、质感、节奏、构图和光影等方面去思考对象。因此，草图表现的过程也是一种激发设计灵感、表达设计创意的方式。本书的内容是根据草图表现对象的尺度和绘制难度的大小而安排的，第一章是家具和灯具，第二章是室内设计，第三章是建筑设计，通过详细的步骤，目的是为了说明一个问题——那就是一个有意义的创作过程比最后的绘制结果更重要。

本书适合室内设计、建筑设计、环艺设计及相关设计类专业的教师和学生使用，同时也适合从事设计行业的相关从业者使用。

图书在版编目（CIP）数据

建筑设计与室内设计草图表现/（英）斯蒂芬妮·特拉维斯（Stephanie Travis）著；张萃译.—北京：机械工业出版社，2017.1
（超越设计课）
书名原文：Sketching for Architecture and Interior Design
ISBN 978-7-111-54751-8

Ⅰ.①建… Ⅱ.①斯… ②张… Ⅲ.①建筑设计—绘画技法②室内设计—绘画技法 Ⅳ.①TU204

中国版本图书馆CIP数据核字（2016）第210212号

机械工业出版社（北京市百万庄大街22号　邮政编码100037）
策划编辑：时　颂　责任编辑：时　颂
责任校对：刘志文　封面设计：马精明
责任印制：李　洋
北京汇林印务有限公司印刷
2016年10月第1版第1次印刷
190mm×210mm·5.333印张·171千字
标准书号：ISBN 978-7-111-54751-8
定价：39.00元

凡购本书，如有缺页、倒页、脱页，由本社发行部调换
电话服务　　　　　　　　　　网络服务
服务咨询热线：010-88361066　机工官网：www.cmpbook.com
读者购书热线：010-68326294　机工官博：weibo.com/cmp1952
　　　　　　　010-88379203　金书网：www.golden-book.com
封面无防伪标均为盗版　　　　教育服务网：www.cmpedu.com

目　录

前言　　　　　　　　　IV

工具　　　　　　　　　VI
墨线笔的基础练习　　　VIII
马克笔的基础练习　　　IX

第一章　家具和灯具　　1

初步研究　　　　　　　2
抽象　　　　　　　　　4
负空间研究　　　　　　6
正空间研究　　　　　　8
镜像　　　　　　　　　10
辅助线　　　　　　　　12
层次　　　　　　　　　14
透视基础　　　　　　　16
平面、立面和三维效果　18
圆形　　　　　　　　　20
多视角　　　　　　　　22
装饰纹样　　　　　　　24
综合样式　　　　　　　26
明暗面和阴影效果　　　28
家具组合练习　　　　　32

第二章　室内设计　　　37

一点透视　　　　　　　38
两点透视　　　　　　　42
一点抽象　　　　　　　44
两点抽象　　　　　　　46
过渡空间　　　　　　　48
室内空间和室外空间　　50
窗框　　　　　　　　　52
重复　　　　　　　　　54
连续线条　　　　　　　56
雕塑性研究　　　　　　58
人物　　　　　　　　　60
视角　　　　　　　　　62
前景和后景　　　　　　64
放大　　　　　　　　　66
室内阴影　　　　　　　68

第三章　建筑设计　　　73

对称和样式　　　　　　74
拼贴　　　　　　　　　78
负空间　　　　　　　　80
表现　　　　　　　　　82
建筑材料　　　　　　　84
建筑层次　　　　　　　86
建筑楼层　　　　　　　88
从左至右的透视　　　　90
建筑弧面　　　　　　　92
多点透视　　　　　　　94
全视野　　　　　　　　98
开合　　　　　　　　　100
植被　　　　　　　　　102
建筑阴影　　　　　　　104
最后练习　　　　　　　108

关于作者　　　　　　　112

致谢　　　　　　　　　114

为什么要学习草图表现？

　　草图表现其实是一种帮助你观察事物的方法。想要画好一个物体，一个室内空间，或一个建筑，你就需要以一种全新的角度去看待所要绘制的对象。你被迫需要停下来，仔细考量，因为草图表现需要一种新的思考方式，那就是从更深的维度，包括形状、形态、质感、节奏、构图和光影等方面去思考。当你开始培养自己草图表现的能力时，你会发现很多之前被你忽视的空间细节。草图表现让观察者能以一种从未有过的角度看待这个物体。草图表现的过程也是一种激发设计灵感和表达设计创意的方式。

概念：

　　贯穿本书的是我的徒手草图表现实例，通过一系列的手绘步骤，目的是为了说明一个问题——那就是一个有意义的创作过程比最后的绘制结果更重要。

　　草图表现的步骤总是从对物体的分析开始的，不论它是一把椅子，一个室内空间还是一个建筑。它是要求绘制你实际观察到的，而不是绘制你以为你所看到的，抑不是绘制你心中椅子、室内空间或建筑的固有形象。想象自己是第一次看到这个物体。每一次的练习都要尝试从不同角度去看待绘制的对象。随着你不断跟着这些步骤进行学习，你就会学会以一种新的角度来看待一个物体，获得不同的体验和自信，从而创造出具有表达性、思考性并且包含你个人理解的手绘作品。

如何使用本书：

　　建议你从书的开头着手，随着尺度和难度的增大而逐渐往后学习。第一章（家具和灯具）是以小型的物体开始，第二章（室内设计）扩展到更加复杂的空间；第三章（建筑设计）则是聚焦更大规模的构造体。这三章内的每种练习都包含很多供参考的草图表现案例，包含现代设计的家具和灯具的草图表现，还有现代很有影响力的设计师和建筑师的室内设计及建筑设计作品。具体的物体名称、室内空间或建筑的名称及其建筑师及室内设计师的名字、设计或完成的日期、室内及建筑的位置等信息都在每个练习之后标注出来。你还可以自己选择家具和灯具、室内设计或建筑设计进行草图表现的练习。而练习参照的对象可以是生活中的三维实物，也可以是二维的摄影图片或杂志图片。重要的是要找你认为有挑战和有启发的物体来对照着画。

　　书中的草图表现案例都是用墨线笔来画的，我建议你也用墨线笔，至少是在开始的时候，这样能逼迫你更仔细地观察你要画的对象，因为如果画错了，没有办法轻易抹去。这样的练习只是一个开始。为了加深练习，你可以换一些不同的工具（例如铅笔、炭画笔等）去重复画一些复杂而精细的物体。但是不管你用的是墨线笔、铅笔还是这两者的组合，练习本身只是教给你一种如何观察所画物体、如何绘制看到的物体的方法，而并不会让你绘制出完美的工程图。

　　本书的内容包含的主题有图层、透视、重复、图案样式、近景和远景、负空间、多视角、阴影、构图等。每个练习按步骤层层递进，这样你能在完成全部绘画之前对物体进行彻底的观察和了解。每个步骤的练习都应该反复进行，因为提升的关键在于练习。尽管每个练习最后都会以一个完整的作品结束，但是本书的重点是讲解草图表现的绘制经验和练习过程，而不是最后成形的作品。

工　具

为了完成本书中的练习，你需要准备以下工具：一个手绘本，三支墨线笔和几支专业的灰色系马克笔。我用的是尺寸为 **22.86cm × 30.48cm** 的线装白纸速写本，和右侧你所看到的马克笔和墨线笔。我从办公品销售店里购买了细和中细的墨线笔；其他的笔是从美术店里买的。当然，笔的牌子并不重要，重要的是你用它做什么。

随着不断深入，你应该去不断地试用不同类型和风格的笔。但是在一开始最重要的是具备三种不同粗细的墨线笔和一系列冷色调的灰色马克笔，你也可以用暖色调的灰色马克笔来试验。

请注意在本书中大部分时候我使用的是中粗的笔。不管用的是细笔，粗笔，还是灰色马克笔，我都会做出标注。如果没有特别说明的，那就是使用的中粗的笔。马克笔会用来帮助我们理解和试验不同的背光、阴影效果，而且很多练习中还会用到马克笔不同的灰度来探究其他要素，例如不同的形状、平面、形态，或是研究如何增强或削弱某种画面元素。

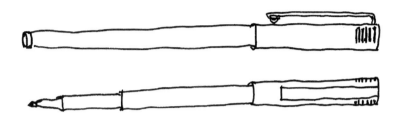

我所使用的工具：

细笔：黑色三菱墨线笔

中粗笔：黑色比百美 M 号墨线笔

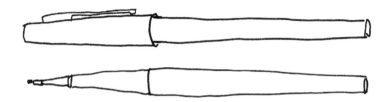

粗笔：黑色辉柏嘉 B 号墨线笔

马克笔：冷灰色三福霹雳马马克笔（从最浅的 10% 的灰度到最深的 100% 的灰度）

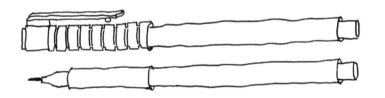

墨线笔的基础练习

一旦你准备好所有的工具，那么现在要做的就是试试你的笔。这个基础训练是为了帮助你理解线条的粗细和质感，并练习手和腕部的控制力。

1. 画一组间距很小的线。首先用细笔，然后用中粗的笔，最后再用粗笔。

2. 重复这一组线，但是增加线与线的间距。

3. 再重复一组，这次线与线的间距更大一些。

马克笔的
基础练习

　　了解马克笔的质感也同样重要。很多专业的马克笔都是一头粗，一头细。

1. 用马克笔的细头画一系列间距很细的细线，从 10% 的灰度依次到 20% 的灰度，再到 30% 的灰度，逐渐递增，最后再到 90% 的灰度。

2. 用马克笔粗的一头再重复一遍上面的练习。

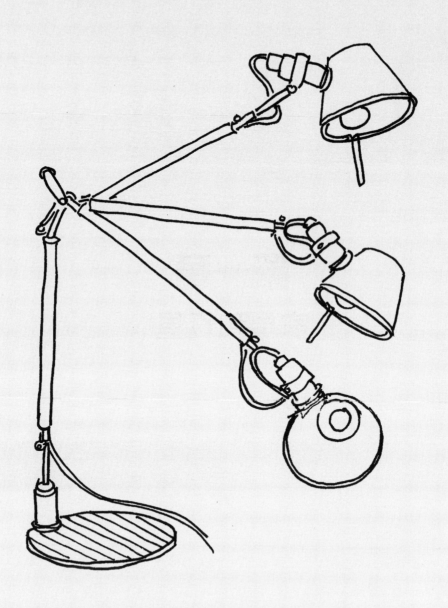

第一章

家具和灯具

初步研究

这个练习的目的是考察一类物品的共性和特性，同时也是为了感受不同粗细的墨线笔的质感。理解三种不同粗细的笔的笔触和质感是很重要的，因为它们将成为草图表现过程中重要的"沟通"工具。在这个例子中，灯具转轴装置有很多有意思的细节，包括具有通过旋转或倾斜来进行调节的功能。这些特点可以通过对装置的许多构成部件进行快速研究而被捕捉到。

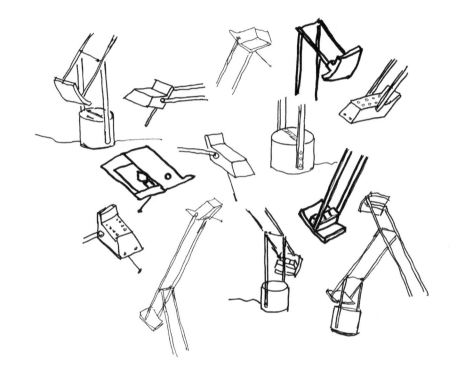

1. 选择一个灯具。 分别用细、中粗、粗三种不同的笔画出你对灯具转轴装置的研究成果，并填满整张纸。然后再转向不同的角度，画出自己所看到的不同效果。最后再聚焦灯具转轴装置中令人不容忽视的细节，进行绘画。

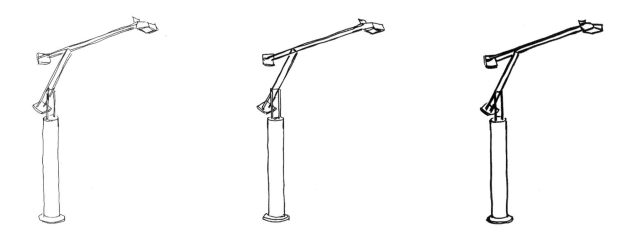

2. 用三种不同粗细的笔
（细、中粗、粗），分别
画出整个灯具的造型。

灯具介绍

蒂齐奥落地灯
（理查德·萨帕I 2009）

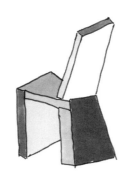

这个练习是将抽象的概念作为草图表现的一个工具，从而考察一个椅子的雕塑性质感。将一个椅子简化为一系列单独的形状可以帮助你更加清晰地理解整体的形态。请注意形状是指一种二维的元素，就好像面，而形态则是指一种三维的元素，就好像一个盒子。抽象练习是一种观察物体的有效方法，因为它将一个复杂的形态转换为扁平的、基本的形状，使我们对设计有更充分的理解。

1. 选择三把椅子。将它们抽象成简单的形状，就好像积木方块那样。用马克笔的不同的灰度（例如分别用到 10%、30%、50%、70%、90%）对不同的形状进行表现。表现意味着填充颜色，而建筑图纸上的表现或填充也可以由空白指代。如果一个平面用 10% 的灰度表现，那么相邻的另一个平面就选择 30% 或者更高的灰度，以形成反差。

2. 用粗笔画出椅子的形态。用一根宽而粗的线条来强调椅子独特的形态。

3. 线条的绘制可以捕捉到物体的整体形态，而渲染这个形态则能表达出另一层的材料的信息。所以还应该在你的椅子上表现出材料的特质。在这个例子中，左侧的椅子和中间的椅子是由黏合和层压的自然皱纸板即胶合板做成的，创造出流线型的质感。为了表达这种质感，我们用细笔来勾勒出纸板的边沿。因为每层纸板都很细，所以线条会离得很近，如果用中细笔的话，那么画面就会太黑，太过抢眼了。右侧的椅子是由 5.08cm 宽的枫木条打弯后编织而形成的。这里可以用中细笔既勾勒轮廓，也填充编织的材料感，因为这里的枫木条比上两把椅子的纸板边沿更宽一些。

椅子介绍（从左到右）

轻松边缘椅
弗兰克·盖里 | 1972

曲形椅
弗兰克·盖里 | 1972

交叉编织座椅
弗兰克·盖里 | 1992

负空间研究

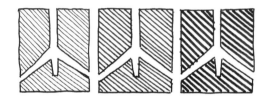

本练习重点放在物体周围和内部的空间，也就是通常被称为负空间的地方。观察较大物体内各个元素之间的空隙将帮助你理解和准确勾画对象。使用三支笔来持续练习将帮助你控制笔的移动。一个成功的草图表现作品是用流畅自信的线条接触纸面画出的。避免在绘制一条线的时候笔被抬离纸面太多次数而出现断线的情况。这样会看起来很粗糙缭乱，使整体减分。进一步利用你的马克笔，这样你会更熟悉它的不同灰度值。

1. 选择三个带有灯罩的台灯。为了更大程度地从这个练习中受益，选择具有不同灯座形状的台灯，如图所示。想象着外面是一个方盒子，然后画出第一个台灯的灯座，形成方盒子与灯座之间的空间。再重复两遍，这样就有三幅台灯负空间的手绘图。然后用细、中粗、粗三种笔在三幅图中画出分布均匀的线条。其他两个台灯也是同样的练习方式。

2. 重复第一步，使用三种不同灰度值的马克笔对负空间进行上色。如果想追求对比强的效果，可以使用 10%、50% 和 90% 的灰度；如果想追求对比弱的效果，则可以使用 20%、40% 和 60% 的灰度。注意避免用到 100% 全黑。

台灯介绍（从左至右）

辛迪台灯
费鲁齐奥·拉维阿尼 | 2009

高跷台灯
蓝点设计 | 2010

卢米埃特大号台灯
罗多尔夫·道尔道尼 | 1990

3. 用中粗笔绘制出每个台灯，包括灯罩。使用负空间的练习作为指导画出灯座。

正空间研究

我们在前面的练习中学习了绘制负空间。现在开始学习内部的空间，即正空间的绘制。这是组成形体本身的实际空间。关注物体本身以及构成物体三维形态的所有二维形状，是另一种观察物体的方法。

1. 选择三个台灯。分别用细、中粗、粗三种笔在台灯形体内部画出均匀分布的线条。然后每个台灯都重复这个步骤。

2. 重复第一步，使用三种不同灰度值的马克笔开始描绘台灯的形体。不要勾勒台灯的轮廓线。在这个例子中，我使用的是灰度值分别为 20%、50% 和 80% 的马克笔。

3. 用中粗笔开始具体勾画台灯。

台灯介绍（从左至右）

西西小姐台灯
菲利普·斯塔克 I 1991

卡斯托雷台灯
米歇尔·德·卢基 I 2003

巴洛克水晶台灯
费鲁齐奥·拉维阿尼 I 2003

镜　像

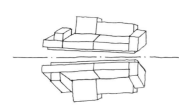 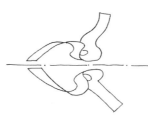 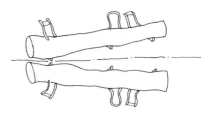

　　这个练习探讨的是反射的概念。草图表现一个物体的镜像效果是观察物体本身的另一种方法。不是画出家具本身，或是画出人们脑中所认为的家具的样子，这个练习是将物体抽象成一种雕塑的形态，所以重点也就不是在画物体本身，而是对物体形态的研究。

1. 选择三个较宽的坐具（例如沙发、躺椅、凳子）。在中间用单点长画线画一条分隔线，代表地平线。在分隔线上面画出物体。然后只看着你画出的物体（而不是看着实体），在分隔线下面画出物体的镜像画面。研究物体和地平线之间的负空间，以确定虚线下镜像物体的位置。然后用这个方法重复练习另外两个你选择的坐具。

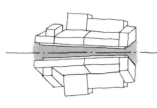 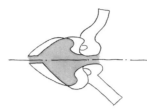 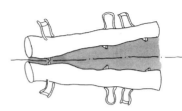

2. 用灰色的马克笔涂出物体与地平线之间的负空间的形状。

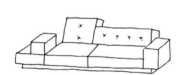  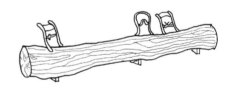

3. 然后画出每个坐具,加上内部的细节,比如(从左至右)沙发面上的纽扣钉,铜面的反射,和自然木质的纹理。

家具介绍(从左至右)

圩田沙发
赫拉·简格瑞斯 I 2005

春后躺椅
罗恩·阿拉德 I 1992

树桩座椅
尤尔根·贝 I 1999

辅助线

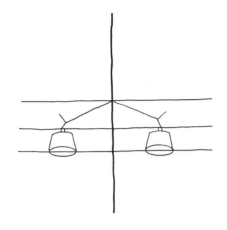

这个练习想突出的是设置辅助线以及在此基础上继续利用负空间概念的重要性。创造辅助线，并强调物体外围或内部的空间能进一步加深对绘画对象的理解。

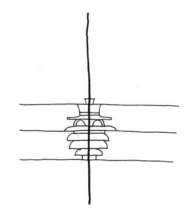

1. 选择三个对称的吊灯。使用粗笔开始画每个灯具的中轴线，然后用中粗笔画出水平线来界定灯具的主要特质。最后画出灯具的简单轮廓。

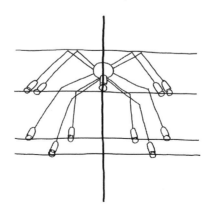

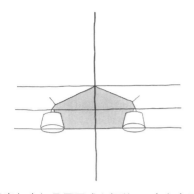 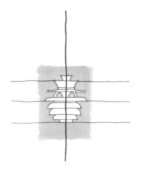 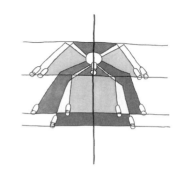

2. 画出每个灯具周围或之间的负空间。在这个例子中，左侧的吊灯有一个很明显的中空形状。中间的吊灯则是有一个复杂的中心形态，负空间主要环绕灯具，所以可以想象它被一个方盒子包围，然后上色负空间。右侧的吊灯比较复杂，因为有好几个单独的中空形状。因此，它的不同负空间可以用不同的灰度值进行上色加以区分。

3. 画出完整的灯具。

  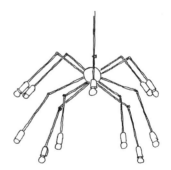

灯具介绍（从左至右）

托洛梅奥双灯泡吊灯
Michele De Lucchi & Giancarlo Fassina I 1987

PH 雪球吊灯
保罗·汉宁森 I 1924

大章鱼吊灯
Seyhan Özdemir & Sefer Çaglar（土耳其新锐设计品牌"高速公路"的创始人）I 2005

13

层次

1. 挑选三个带有层次感的吊灯。用抽象的线条画出灯具的轮廓。然后按照离观者的远近用数字标出不同的部分，用数字 1 来表示离观者最近的部件。

有时候一个物体的局部会离观者较近，向观者方向突起，使观者可以看到更多的细节。而另一部分可能会退居后侧，因此也就不是很明显。草图表现中很重要的一点是在绘制复杂物体之前，要先区分它的不同的远近元素。靠前的元素用排列较紧密的线条或用较粗的笔来画。反之，位居后侧的元素用排列较疏松的线条或是用较细的笔来画。这个原则在室内草图表现的时候更明显，但是也适用于复杂的家具和灯具。这个练习就是教你如何分析一个包含不同组成元素的物体，从而确定如何来表现前后层次不同的元素。

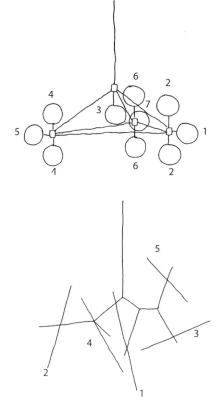

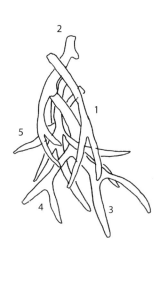

2. 勾勒出每个灯具最重要的元素，或者最需要研究的部分的轮廓线。这个部分就每个灯具的不同而不同，就本例来说，从左向右依次为玻璃球吊灯、支撑灯泡的线性装置以及紧紧靠在一起的鹿角状灯

具。以之前的数字标注练习为基础来确定哪个部分用什么样的灰度值来上色。用高灰度值的颜色上色标注为数字 1 的元素，中灰上色标注为数字 2 的元素，浅灰上色标注为数字 3 的元素，以此类推。

这个原则——离观者越近就越深，离观者越远就越浅——是在手绘中很重要的原则，它将在你绘制复杂及大规模的物体，如室内和建筑时，发挥重要的作用。

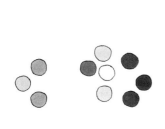
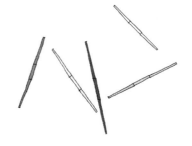
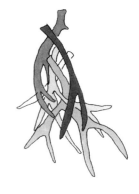

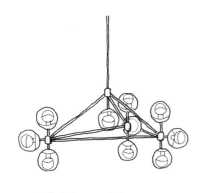

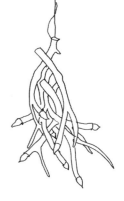

3. 画出整个灯具。注意重叠的元素，根据与观者的远近，先画出离观者近的元素。如果你是用铅笔在画的话，你可以擦掉重叠的线条。但用墨线笔可以提醒你在作画之前思考处理各个不同元素的先后顺序。

灯具介绍（从左至右）

意大利 Modo 吊灯（三面）
杰森·米勒Ⅰ2009

艾格尼斯吊灯（10 灯）
林赛·阿德尔曼Ⅰ2010

高端鹿角吊灯（4 只鹿角）
杰森·米勒Ⅰ2003

1. 选择三个凳子。 画出凳子基本的形态，然后使用不同灰度值的马克笔画出凳子的不同面以区分各面。

透视基础

本书的理念就是画出你所看到的。但是透视的基本法则——也贯穿在整本书中——则是从三维的角度帮助你理解所看到的物体，从而进一步提高你的绘画技能。放到空间中看，物体会逐渐消失于一个点上（所以这个点被称为灭点或 VP），这一点是你能看到的最远的点。如果是观察一个有一定长度的物体，你会发现它的长度线随着接近这个想象中的灭点而逐渐变细变淡。这在小型家具，如一个小独凳中，是很难被察觉的，但在一些较长的物体中，如长凳中就能被观察到；而在更大的尺度如室内空间和建筑中就更加明显。当直着看物体的时候，会有一个灭点；但如果从侧角看物体的话，就会出现两个灭点。更复杂的物体，如室内空间和建筑（尤其是带有弧度或角度元素）会有更多的灭点。但是在本书中（多点透视练习请参见 94 页）我们将限定以一点或两点透视为主。

对于这个练习，关于透视的简短介绍就已足够。目的是你能够仔细地观察物体对象，从而获得你所需要的绘画信息。

2. 画出凳子，并配上箭头线用以标出朝向灭点的辅助线的方向。在这个例子中，左下方的凳子是从正面看的，所以是一点透视。而另外两个凳子是从侧面看的，所以是两点透视，有两个灭点（一个在视点的左侧，一个在视点的右侧）。

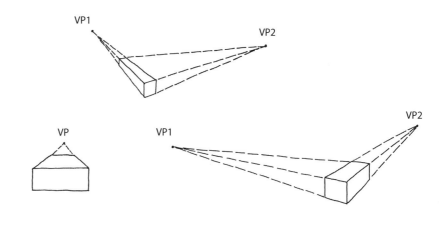

3. 画出凳子整体形态的简略版本，包括指向灭点方向的箭头线。

 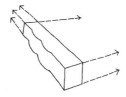 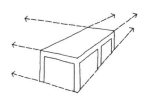

4. 画出凳子所有的细节。

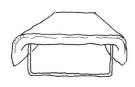  

凳子介绍（从左至右）

云凳
深泽直人 I 2006

二次退缩凳子
克里斯·霍克 I 2006

佛罗伦斯·诺尔凳
佛罗伦斯·诺尔 I 1954

平面、立面和三维效果

1. **选择三种椅子。**当你用三维的角度来观察椅子的时候（真实视角），想象并画出它们的平面图，如同你是从上往下俯视你的观察对象。这个角度是平的，它和我们一般日常真实的视角是不太一样的。

这个练习主要讲解如何从平面、立面和透视角度观察一个物体。平面图和立面图是重要的建筑表现图，但是缺失一种三维的视觉深度。从各种不同角度来观察和理解你所选择的椅子是非常有价值的，这会帮助你欣赏到三维形体的复杂性。本例中的椅子形态各不相同，每把椅子的绘制都提供给你一种独特的挑战——从流线形到之字形的构造。

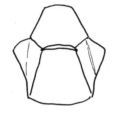

2. 继续从三维视角观察椅子，想象并画出它们的立面图，如同你是从侧面直接观察它们一样。这个视角的物体依旧是二维图像。

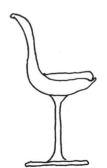

  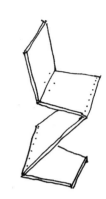

3. 画出你真实看到的椅子，即三维的。

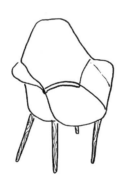  

4. 画出每把椅子，并刻画纹理和细节。在本例中，左边椅子的腿部是有渲染效果的，右侧椅子的整体都渲染过，从而表现出木质的纹理，中间的椅子则是在坐垫上用斑点代表出羊毛制品的质感。这些对材质的表现是用细笔画出的，突出不同材料表面的同时又不喧宾夺主。

椅子介绍（从左向右）

有机椅子
查尔斯·伊姆斯和埃罗·沙里宁 I 1940

郁金香椅
埃罗·沙里宁 I 1940

之字形椅
格瑞特·雷伏德 I 1934

一般来说画出物体、室内空间或建筑的三维效果比二维的、平面的效果更加有意思，因为三维的视角能展示出物体的层次感和饱满感，就像人们在现实生活中看到的一样。表现圆形物体的透视效果比较难，因为圆形在透视过程中会变成椭圆形。这个练习帮助你掌握圆形的草图表现方法，画出你实际情况下看到的样子。

1. **选择一个圆形的桌子。**画出五条水平的轴线，再分别依次画出五条垂直的轴线。在第一条垂直轴线的基础上，画出圆形的桌子平面图（下图）。然后画出从上往下看的、逐渐过渡的透视效果图，最后完全变为立面图。你的第五张图其实就已经是立面图了（下最右图）。

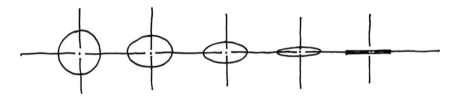

2. 还是和第一步一样，分别画出这个桌子从平面图到立面图的依次变化，但是这次加上桌腿。

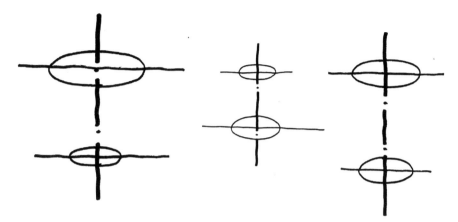

3. 选择另外两个圆形的桌子。设立轴线，试着画出光滑的椭圆形，并保证水平和垂直方向都是对称的，然后画出你所选的三个桌子的椭圆形桌面部分，以及（如果可能的话）椭圆形基座。

4. 用中粗的笔勾出三个桌子的轮廓。

桌子介绍（从左至右）

郁金香茶几
埃罗·沙里宁 I 1956

可调节桌 E1027
艾琳·格瑞 I 1927

花瓣桌茶几
理查德·舒尔兹 I 1960

多视角

在日常生活中我们会来回移动物体，我们的观察视角也会根据我们的移动而发生变化。所以学会从不同角度和位置来观察同样的物体是十分重要的。一些物体可以被来回移动（例如一个台灯），这样一幅画里可以展示出物体不同角度所呈现出来的样子。这个练习帮助我们学习用新的方式来观察物体，并理解透视法和透视收缩的原则。

1. 选择三种灯具：一个简单的，一个复杂的，还有一个带有可旋转控制的。用中粗的笔，画五个简单的灯具。要从不同的角度和比例来画，以实现一种平衡的构图。画一些不同视角的草图（小图）会帮助我们看到灯具不同的组合部分的细节。这一步主要是快速简单勾勒出物体，不需要太多细节，我们关注的是它整体的布局。

2. 用中粗的笔，画你选择的复杂灯具，但要从两个角度画：一个是从下往上看，一个是从上往下看。正如之前提过的，较粗线条可以很好地捕捉物体的整体形态，而如果是有意思的细节应该用细笔进行渲染。在这个例子中，这个灯具带有一个有纹路的聚碳酸酯的灯罩，所以可以用细笔画出疏松纤细的线条，代表塑料灯罩上凹槽的纹路。

3. 画出第三个带有旋转控制装置的灯具。这个灯具有一个可以上下移动的手臂，能控制光线照到不同的地方。在一幅画上画出这个手臂移动的不同位置可以创造出一种运动的感觉。

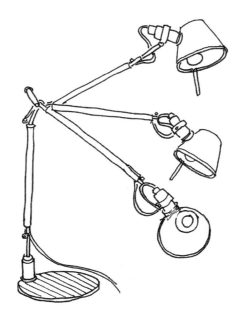

灯具介绍（从左到右）

E27 吊灯
马蒂亚斯·斯达布姆（Mattias Ståhlbom）| 2008

手提台灯
费鲁乔·拉维亚尼（Ferruccio Laviani）| 2003

托洛梅奥台灯
米歇尔·卢基和吉安卡洛·法西纳（Michele De Lucchi & Giancarlo Fassina）| 1987

装饰纹样

这个练习主要探讨应用在纺织品或任何空间或物体表面上的装饰纹样。这些装饰纹样为一幅画增添了个性，但是它们本身很复杂，所以画之前分析它们如何设计显得很重要。

1. 选出三个设计有装饰纹样的椅子。在观察这个装饰纹样的基础上，画出这个装饰纹样中最基本最小的元素单元。在这个例子中，我们看到的有精细而多颜色的花朵图案样式（左）、随着圆形曲线走向产生的条纹纹理（中）以及雪花图案样式（右）。

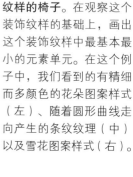

2. 一个黑白线条的草图表现可以通过灰度值来区分颜色（深浅之间的对比）。如果你选择的装饰纹样有颜色，那么就用你的灰色系马克笔来进行颜色的区分。左侧的装饰纹样是多种颜色的，中间的装饰纹样是米白色和橘色的，右侧的装饰纹样是灰白色的。

3. 用中粗的笔绘出椅子的
轮廓，省去装饰纹样。

 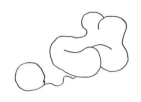 

4. 将装饰纹样加到你画的
椅子上。

5. 用马克笔上色，形成深
浅的对比。

椅子介绍（从左至右）

小姐椅
菲利普·斯塔克 I 2003

UP5 椅子和 UP6 软垫搁脚凳
盖特诺·佩斯 I 1969

北极雪花椅
菲利普·贝斯特海达 I 2008

综合样式

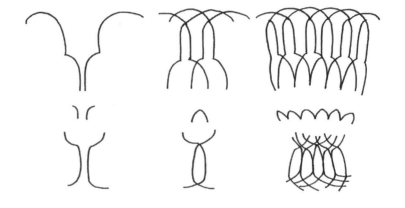

装饰纹样可以应用到设计中，就像上一节我们所练习到的那样（见 24 页），但是家具的实际材料也可以自然生成样式纹理，就好像本例中钢丝弯转形成的图案。

1. **选择三件整体材料塑形的家具。** 研究每一件家具的材料组成。在这几个例子中，第一个例子中的钢丝桌脚元素被单独抽出来分析，然后按组分布（上排）；第二个例子的钢丝框架则是单独、相互重叠地分布，最后形成一种整体的质感（中排）；第三个例子的钢丝构成是第二个例子的分解版本（下排）。

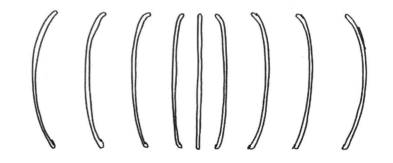

2. 勾勒每个家具的轮廓。

家具介绍（从上至下）

旋风角桌
野口勇 I 1953

重现椅
帕奇希娅·奥奇拉 I 2009

南瓜茶几
Seyhan Özdemir & Sefer
Çaglar I 2004

明暗面和阴影效果

增加阴影效果可以使草图表现更丰富，比单纯的线描更能体现出深刻和真实的效果。光会形成阴影、图案和反光，而这些都是会增加绘图效果的元素。理解了为什么阴影会产生以及在哪里产生对于创造出草图表现中的视觉效果是很有必要的，会给整幅作品加分（而不是减分）。这里举出的例子包含众多不同的形式，目的是使大家对阴影作用于家具表面的效果有全面的认识。

1. 选择三种不同的椅子。 画出第一把椅子的草图。选择一处自然或人工的光源，用一个图标或一个箭头（像左侧显示的那样）来代表这个光源。这会给你一种探索三种不同方向光源所产生三种不同效果的机会。用 1，2，3 来代表每个不同椅面所吸收到的光的多少，这是表现出正确光照效果的关键。依据接受光照的多少将物体受光面分成三种，实际情况中还有很多种可能，但这里我们为的仅是突出物体的三维立体感。最亮的一面是 1（亮），紧挨着 1 的是 2（中），而离 1 最远的一面是 3（暗）。在三个草图上，用这三个数字标出因为不同光源而产生的光度变化的椅子面。然后再在另外两个椅子上做同样的练习。

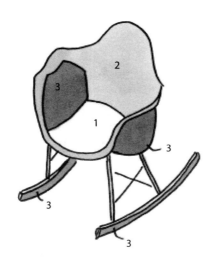

2. 从每个椅子的草图中选出一个来进行深化。分别用灰度值为 10%、30% 和 50% 的马克笔渲染出三种不同的光度，或者使用灰度值为 10%、50% 和 90% 的马克笔画出更大的反差。

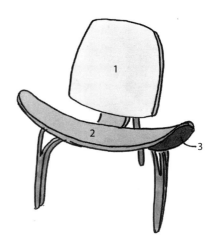

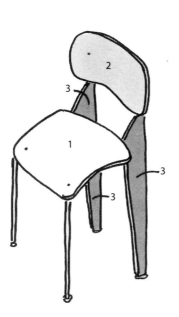

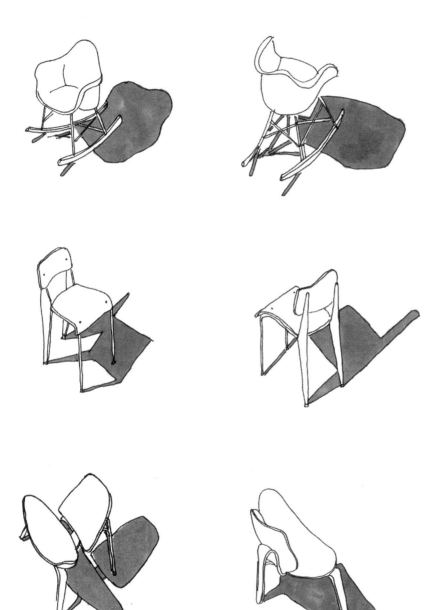

3. 把太阳或顶棚上的光源照射到椅子上。当光源照射到物体时，它不仅会以不同的强度分布在物体的不同面上，还会在物体所覆盖的地面上产生影子。如果太阳（或人工光源）正好照在物体的右侧，那么物体在地面的左侧就会形成阴影。画出椅子以及连同出现的阴影。如果没有实际的光源也许很难预计阴影的形状，尤其是不规则的椅子。但是这个练习会帮助你更加熟悉物体的阴影效果，尤其是通常形态的物体。你可以再加入一个光源进行练习，这样就可以在同一个椅子下面的地面上照射出两道阴影。

4. 选择这三把椅子的另外一个角度，然后将我们所有讨论过的练习都结合在一起进行创作。绘制渲染出每个椅子在某个独特光源下形成的效果，包括在椅子下面地面上所形成的阴影，这样就完整表达出之前提到过的线条、形态、光、明暗面和阴影效果以及深度和三维效果。

椅子介绍（从左至右）

伊姆斯塑形扶手摇椅（RAR）
查尔斯和瑞·伊姆斯 I 1948

标准 SP 椅
让·浦和维 I 1930

贝壳椅
汉斯·瓦格纳 I 1963

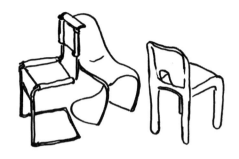

家具组合练习

直到现在，我们的练习都是针对单独一个物体。真实情况下，我们会一次看到好几个物体，而这种交叉重叠、复杂的布置情况将意味着更加动态的草图表现。这种情况在室内设计草图表现中尤为明显，因为家具、灯光、建筑的元素会交织在同一个视觉层面上。所以接下来的这个练习就是在前面的练习基础上，将三把不同的椅子组合在一起，首先画出线稿，然后运用明暗面和阴影的原则来完成这个草图表现。

1. **选择三组（每组三把椅子）不同组合的椅子。** 先画出三把椅子组合的缩略图，试图找到它们最佳的位置组合。然后将每把椅子转向不同的、更加有意思的角度，让它们稍微有些重叠以产生互动。奇数的椅子组合（三把或五把）会创造出一种平衡的搭配。画出每组的三把椅子，用粗笔勾勒整体轮廓。

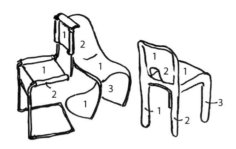

2. 标示出一个光源，然后在椅子上用数字 1、2、3 表示出光线接收的程度。

3. 画出组合体，然后用马克笔根据受光度给椅子上色。然后在椅子下方标示出投射的阴影，这时要用更加黑的马克笔（例如 **80%** 或 **90%**）把它们标出。

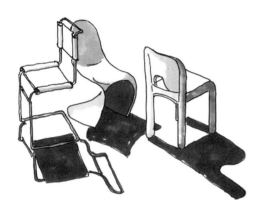

椅子介绍

（左侧）

No. S33 模型椅
马坦·史坦 I 1926

潘顿餐椅
维纳尔·潘顿 I 1959

多功能椅
乔·哥伦布 I 1965

（中间）

伊姆斯塑形椅
查尔斯和瑞·伊姆斯 I 1950

军工椅
里特维尔德 I 1923

蚂蚁椅
阿诺·雅各布森 I 1951

（右侧）

No. 654 W 椅
詹斯·索姆 I 1941

天鹅椅
阿诺·雅各布森 I 1957

博芬格椅
赫尔穆特·巴特兹内 I 1964

第二章

室内设计

一点透视

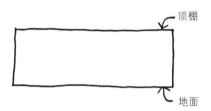

1. 选择一个室内空间，然后让自己面向墙站着。画出你所看到的墙的立面，标出地板和顶棚的平面。这将是形成你的一点透视框架的墙面。

一点透视是从观察者（你）的位置所观察到的三维视角，然后以二维的形式呈现在纸面上。一个专业透视图绘制会使用很多步骤草绘一个三维的空间网格，内部包含地板、墙壁、顶棚——让你可以将家具、柱子及其他室内空间元素都放置到这个网格里。本书的理念是画出你所看到的，因此网格就显得没有那么必要。仔细观察绘制的对象，深刻理解透视原则，就可以创造出一个比例协调的空间。下面的步骤就是为了使你对室内建筑及空间的三维质感有更深的理解，同时教你如何画出一点透视图。

一点透视的五个原则：

1. 所有水平的线都与水平线平行。

2. 所有垂直的线都互相平行（与水平线垂直）。

3. 所有的斜线都退缩到灭点；这些线又被称为正交线。

4. 所有的物体都会随着距离越远而变得越小。

5. 所有沿着正交线上的物体都会按照透视原则缩小（意味着这些物体将比那些没有沿着正交线的物体要小）。

正如我们在透视基本练习中讨论过的（见16页），一点透视是最简单的视角，因为这时候所有沿着正交线上的元素都会退缩到灭点上。在室内设计中，当你正对着一个立面或一面墙的时候就会出现一点透视的情况。

2. 在图上确定视平线，也就是水平线。这条线一般是离地面1.52m高，即人视线的平均高度。如果你是坐着画图的话，那么视平线一般是离地面0.91m的地方。根据顶棚的高度，你可以大概估计1.52m的视平线的位置。如果你的顶棚比较低，例如在2.13~2.44m，那么相比于较高的顶棚，视平线的位置就会离顶棚更近一些。

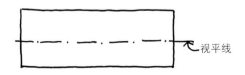

3. 在视平线上确定并标出灭点。这是由你在空间中所站立的位置确定的，而且也是你视野所能及的最遥远的位置。例如，如果你站在房间的正中间，灭点就位于房间内视平线的中点；如果你站在房间靠中心的左侧，那么也应该根据你的位置来画。视点处于中心的左侧或右侧，即使离中心线只有 0.30m 的距离，通常也更为真实，因为我们不会恰巧就站在房间的正中心或从正中心来观察这个房间。你可以通过沿着视平线移动灭点而画出你所处的空间的不同视角，最终产生不同的视觉效果。

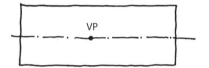

4. 画出四条虚线，每条都从灭点出发，然后延伸至房间墙壁的四个角落。

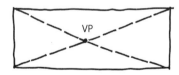

5. 从墙壁四角继续延长画出三维空间的地面、侧墙、顶棚——好似它们在向观察者（你）的方向伸出。

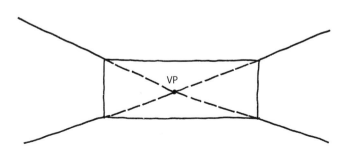

6. 在没有辅助线的情况下画出地面、侧墙、顶棚，你现在已经构建出一个三维的视角。标出灭点，因为你会依据这个点来构建整个室内空间。

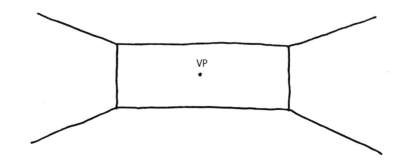

7. 在这个框架下，画出室内建筑的细节——也就是我们说的不可移动的元素。所有这些元素都会沿着斜线，也就是正交线，向着灭点的方向透视。用虚线来引导正交线从灭点向外延伸有利于你准确地画出室内的元素。记住所有水平线条应该与视平线平行，所有垂直线应该与这条视平线垂直。

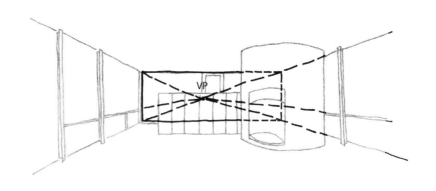

8. 在没有辅助线的情况下画出室内空间。

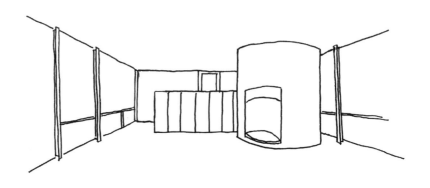

9. 使用同样的透视原则，
画出空间中装饰性元素，
例如，家具、灯具、艺术
品、地毯等，这些被称为
可移动的元素。从灭点延
伸出来的虚线辅助线将保
证所有元素都再回到这一
点上。

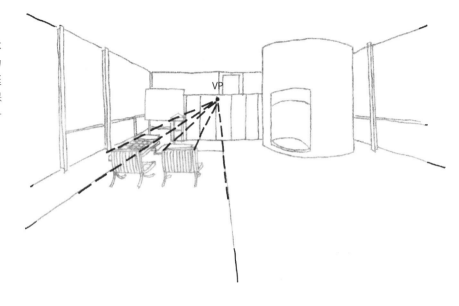

10. 在完全脱离辅助线的
情况下，画出这个室内空
间的全部，包括所有的建
筑及装饰元素。

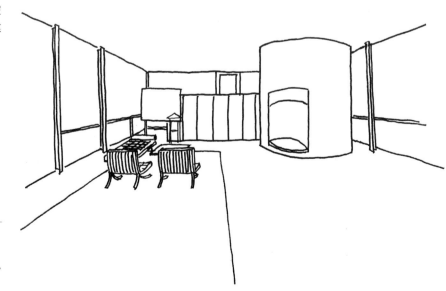

案例介绍

玻璃屋
菲利普·约翰逊
1949 年，美国，康涅狄格州，
新迦南

两点透视

1. 选择一个冲着角落的视野。画出角落两面墙交界的线条，然后画出相邻的地面和顶棚。

2. 在离地面 1.52m 的位置处画出视平线。

顾名思义，两点透视和一点透视最大的不同就是两点透视有两个灭点。这在透视基本练习的时候简单提过（见16页），但是现在会更深入地进行介绍，并教大家如何运用在室内空间表现中。观察者站在一个角落位置观察整个空间时会发生两点透视，比如说向一个房间的墙角看去。这个角一侧的地板、墙面和顶棚向着灭点 1 透视，而这个角另一侧的墙面则向着灭点 2 透视。当你练习两点透视的时候，你会理解哪些元素是朝着灭点 1 透视，而哪些是朝着灭点 2 透视的。

两点透视的五个基本原则：

1. 唯一的水平线只有视平线。

2. 所有垂直的线都相互平行（与水平线垂直）。

3. 所有的斜线都沿着灭点 1 或 2 消逝，这些也被称为正交线。

4. 所有的物体都随着距离越远而变得越小。

5. 所有沿着正交线的物体都通过透视法缩短。

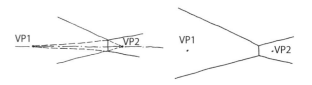

3. 用虚线从角落与地面的交点及角落与顶棚的交点分别延伸地面和顶棚，从而找到两个灭点。这是徒手草图表现，并不是专业制图——你只需要把自己看到的画出来，并把透视原则作为指导即可。因此你可以调整地面和顶棚的角度，从而使灭点落在视平线上，或调整任何元素让它服务于你的作品。

4. 画出空间的框架，然后标出灭点的位置。

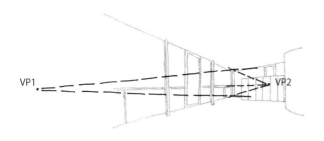

5. 以灭点为起点延伸出虚线的正交线，这将是你画出室内空间的辅助线。

6. 在没有辅助线的情况下画出室内空间。

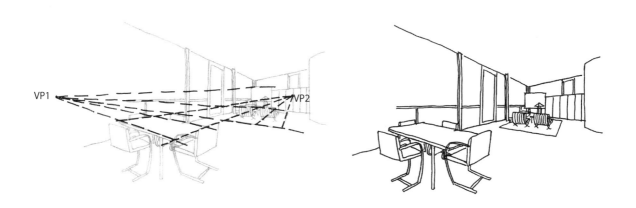

7. 使用灭点和正交线画出空间中的装饰性元素。

8. 完整地画出带有建筑和装饰性细节的两点透视图。

案例介绍

玻璃屋

菲利普·约翰逊

1949年，美国，康涅狄格州，新迦南

43

现在你已经完成了一点透视和两点透视练习，接下来的这个练习将继续完善你的知识框架，即使用抽象作为一种草图表现方式来检查透视。研究一个从单一灭点延伸出去的三角形将帮助你理解在透视图中各种元素是如何正确成形的。它突出一个原则：就是物体的体量会随着距离越远而变得越小，并且沿着正交线上的所有能看到的元素都会回归到同一个灭点上。将这些概念应用到一个抽象的框架中将增强你对室内空间的三维认知。

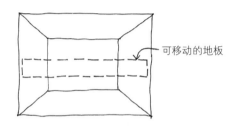

1. 选择一个用一点透视观察到的空间。用一点透视（见 38 页）中的练习画出室内的空间：画出后墙，标出视平线，确定灭点，画出地面和顶棚。

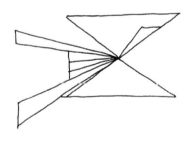

2. 用虚线画出视线中重要的建筑元素。在这个例子中，有一个"可移动的地板（夹层）"，它可以被抬高或者是降低到与屋中的固定地面同高的位置。这个元素用虚线标出。

3. 仔细研究你的视点，聚焦并画出从灭点向着观者突出的三角形。

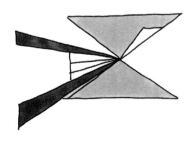

4. 用马克笔渲染出这个三角形，用灰度值较高的马克笔涂出朝着观者较近的面，用灰度值较低的马克笔涂出离观者较远的面。

5. 根据你所定义的三角形画出室内的元素。

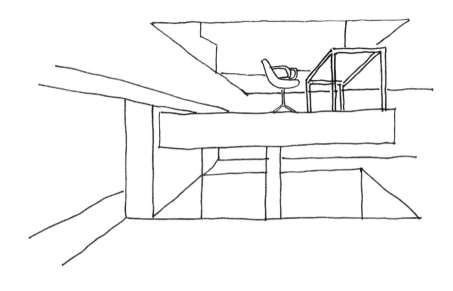

6. 完成你的绘画，加入建筑及装饰性细节。在这个例子中增加的楼梯、书籍、现代艺术品赋予空间故事性和丰富性。

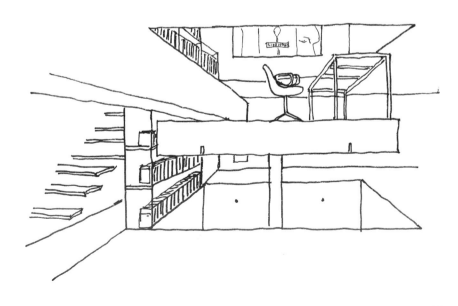

案例介绍

波尔多住宅
雷姆·库哈斯
1998 年，法国，波尔多

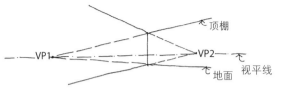

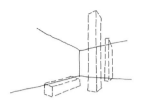

两点抽象

1. 选择一个用两点透视观察到的空间。跟随两点透视练习的步骤（见42页），创造一个两点透视的框架。画出空间的角落、地面、顶棚的线条，确定视平线，标识两个灭点。

2. 使用虚线画出空间中重要的建筑元素。在这个例子中，结构柱和一个大的展示单元定义了室内空间。

这个练习使用的是和一点抽象相同的方法（见44页），除了是通过两点透视创造出三角形的抽象。既然有两个灭点，那么就会有两组三角形——一组从灭点1延伸出来，另一组从灭点2延伸出来。这两组的结合会创造出一种分层次的观察角度，从而帮助你理解哪些元素是从哪个灭点延伸出来。

3. 画出从灭点1向外延伸的三角形。

4. 用马克笔渲染这个三角形，用较高的灰度值代表离观者较近的三角形面，而用灰度值较低的代表离观者较远的三角形面。

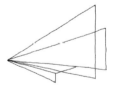

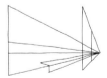

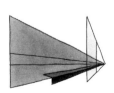

5. 画出从灭点2向外突出的三角形。

6. 给三角形上色，用较深灰色给离观者较近的面上色。

7. 画出两组三角形——分别是从灭点 1 和从灭点 2 延伸出来的。

8. 给两组三角形上色，并且使从灭点 1 延伸出的三角形颜色更深（80%），使从灭点 2 延伸出的三角形颜色更浅（20%）。

9. 然后换过来，让从灭点 1 延伸出的三角形颜色较浅（20%），而使从灭点 2 延伸出的三角形颜色较深（80%）。

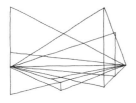 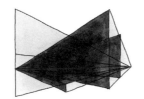 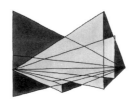

10. 描绘出你用三角形定义的基本的室内元素。

11. 完成草图，增加具体细节，让观者有种置身其中的感觉。这个例子中包含的建筑元素如灯具，装饰性元素如扶手和假人，都体现了一个零售店的功能。

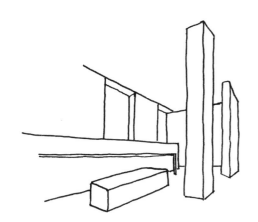 

案例介绍

卡尔文·克雷恩（CK）系列时装店
约翰·帕森
1995 年，美国，纽约

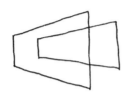

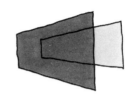

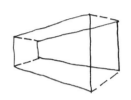

这个练习研究的是过渡性空间——指的是那些连接室内和室外空间，或者连接两个室内空间的空间。尽管这些空间与正式的区域相比显得不太起眼，这个过渡空间其实是个特别有意思的绘画空间，因为它体现了一个人刚进入一个室内空间时的感觉。在本例中，建筑的上层向外突出，遮挡一个公共的走廊，从而营造出一个现代的廊道空间；地面上的椭圆形玻璃切口展示出走廊下面的视野。接下来是一系列的图解说明，目的是帮助理解过渡空间。

1. 选择一个引导室内空间的过渡空间。画出形成这个过渡空间边界的垂直墙板。

2. 使用马克笔涂出这些想象的墙板；较深的灰色表示离观者最近的墙板，而较浅的灰色则表示离观者较远的墙板。

3. 绘制垂直的墙板，使用虚线连接墙板，创造出房间的边界（例如，一个地面、顶棚和两面墙）。

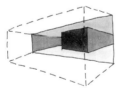

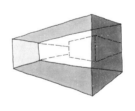

4. 使用虚线画出过渡空间，然后使用实线画出主要的、过渡空间所引入的室内空间。抽象出室内的建筑元素，然后用马克笔将其上色（同理，深灰表示离观者近的区域，浅灰表示离观者远的区域）。

5. 用与上一步相反的步骤完成这个草图：用实线画出过渡空间，用虚线表示正式室内空间。然后用马克笔给过渡空间上色。同理，深灰表示离观者近的区域，浅灰表示离观者远的区域。

6. 用粗笔勾勒出过渡空间和正式的室内空间，然后加上重要的细节（在本例中是指室内中心部分宽敞的楼梯道和地面上的玻璃切口）。请用虚线表示过渡空间的假想边界。

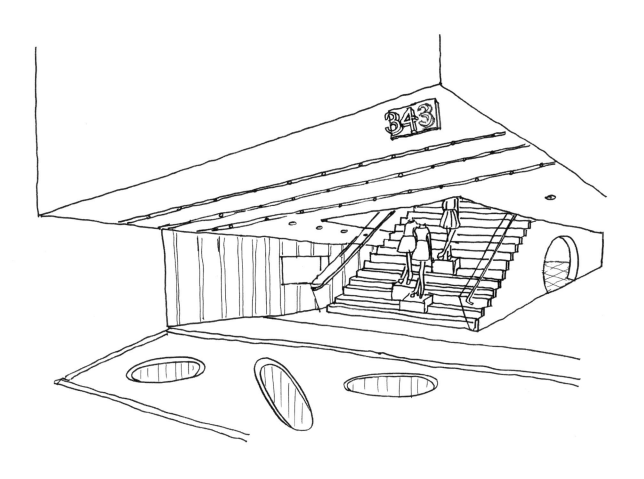

7. 画出过渡空间和室内空间的细节。这里请加上零售商品以及假人模特，以突出这个空间的功能；地板上的玻璃切口及纹理展示了设计的细节；标识牌使这个空间和城市背景产生互动。

案例介绍

普拉达旗舰中心店

雷姆·库哈斯设计

2004 年，美国，洛杉矶

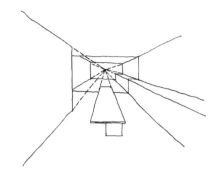

1. 选择一个由玻璃隔开室内室外的空间。 正如之前的例子，第一步是确定视角并建立一个透视框架。这里我们要应用的是一点透视。画出室内的后墙，标出视平线，确定灭点，然后用虚线画出从灭点延伸出的辅助线，直至墙壁的尽头角落。用实线画出地面、顶棚和整个房间的墙壁。在本例中右侧的一个台子从室内穿过玻璃墙延伸到了室外，模糊了室内和室外的界限。

这个练习旨在探讨从室内空间向室外空间看和从室外空间向室内空间看之间的不同。当身处一个室内空间时，室内元素处于主导；但是如果能将室外景观融入室内空间就可以创造出层次更加丰富的空间效果，比画面仅仅在外墙处止住要丰富得多。区分室内和室外空间是另一种理解透视层次感的方法，也可以帮助你持续练习之前讲过的原则。

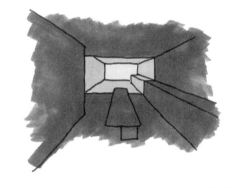

2. 使用马克笔突出室内的元素，使其与室外的元素相区分。既然离观者越近的物体颜色会越深，离观者越远的物体则越浅，那么就随着物体慢慢向室外消失而给这些物体从深到浅上色。

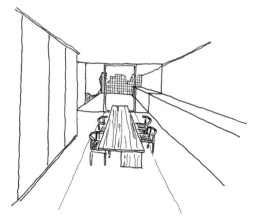

3. 画出更多的空间细节，增加建筑和室内的元素，还有透过玻璃看到的室外景色。

4. 重复第 1 步和第 2 步，但是这一次转换角度，从室外往室内看，则左侧的台子从室外穿过玻璃向室内延伸。

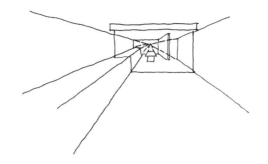

5. 使用较深的灰色给离观者近的元素上色，而用较浅的灰色给离观者较远的物体上色。

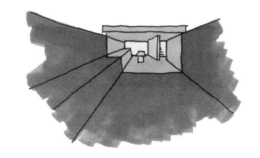

6. 画出室外空间以及从室外看到的室内空间的细节。

案例介绍

帕森住宅
约翰 · 帕森
1994 年，英国，伦敦

1. 选择一个带有室外玻璃窗户或玻璃幕墙的室内空间。画出一个虚线的网格，布置出你的玻璃窗户或玻璃幕墙的建筑系统。使用粗笔抽象出网格系统。

2. 画出玻璃窗户或玻璃幕墙的布局。本例中，建筑的玻璃窗呈菱形斜网格布置。

之前的练习研究了过渡性空间和室内室外空间界限。这个练习主要学习窗户或是玻璃幕墙的细节，它们是将室内外分开的介质。无论是一扇结构简单的窗户或是一面结构复杂的玻璃幕墙，都会通过玻璃幕墙的位置和厚度，或是窗框的结构或装饰性元素，创造出有意思的图案纹样和阴影。突出窗户的三维感觉又为望向室外空间的室内空间增添了另一层丰富感。

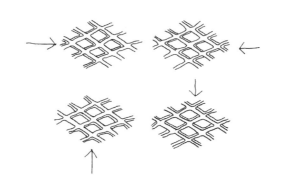

3. 当你从不同角度看玻璃窗户或玻璃幕墙时，你会看到结构或框架的不同厚度。用箭头标识出你的观察角度（例如从上，从下，从左或从右）。

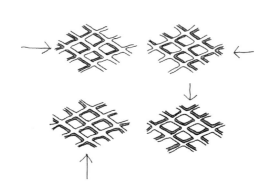

4. 用马克笔表现出这面玻璃窗户或玻璃幕墙的厚度。

5. 选择一个观察视角观察室内及墙壁厚度所产生的深度。用马克笔表现出这一厚度。用细笔（这样不会抢占你室内的主导地位）画出室外情景，例如从窗户望到的建筑和植被。

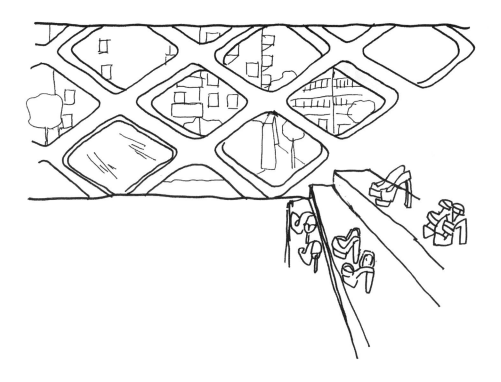

案例介绍

普拉达青山店

赫佐格和德默隆

2003 年，日本，东京

重 复

当你要画一组重复的物体时，建立透视辅助线并观察它们向着灭点褪去时的形式是非常有效的方法。这个方法首先不是先画出室内空间的布局，而是先在透视情况下画出这些物体，然后再加上整体的室内环境。一般来说，我们是从大物件开始画（室内环境），然后加上小元素（家具），但是复杂的装饰性组合也可以先被考虑，作为一种研究方法，然后再融入更大的空间环境——正如这个练习中我们将提到的。第一部分是学习单一的重复元素，第二部分则是学习一组重复的元素。

1. **第一部分：选择一个单一重复的元素。**用虚线辅助线框定你的物体并使它们沿着灭点透视。本例中四条辅助线向着灭点透视，每条都穿过这一排吧椅的某个部分（椅子顶部、坐垫后侧、椅腿和后椅腿触地的部分）。在物体的中心线处建立垂直的辅助线。因为物体会随着接近灭点而面积越来越小，辅助线之间的间距也会慢慢随着接近灭点而变近。在物体的中心线上画出一部分的吧椅（这个情况下，吧椅的椭圆形靠背也会随着离观者越远而面积渐渐变小）。

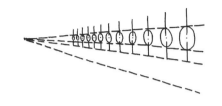

2. 画出物体的抽象形态，其体量随着向灭点接近而减少。用马克笔给各面上色，正如你在抽象练习中所做的（见 44~47 页）。

3. 画出吧椅的细节，然后加上室内环境。

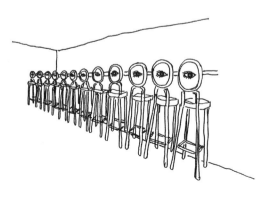

案例介绍

桑德森酒店

菲利普·斯塔克

2000 年，英国，伦敦

4. 第二部分：选择一组重复元素。当要画一组重复元素时，将这组元素分解单独研究是有帮助的。在本例中，家具是这组重复单元内的一个元素，地毯和墙壁装饰等是剩余的重复元素。它们可以拆分开来进行研究，然后画出，最终融合为整体室内空间。同样的，用虚线辅助线先框出物体的形状，它们向着灭点透视。这里辅助线用来定义软座的顶部、桌子和后腿触地的部分，垂直中心线标出桌子的位置。

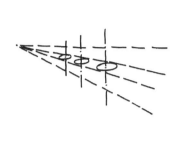

5. 画出物体的抽象形态，用马克笔给各面上色。

6. 重复这一步骤，画出其他重复的物体。

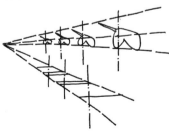

7. 渲染这一组物体。

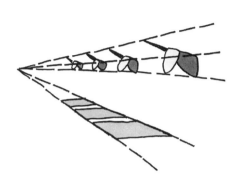

8. 将两组重复物体一起画出，然后添加上室内环境。

案例介绍

法恩纳酒店
菲利普·斯塔克
2006 年，阿根廷，布宜诺斯艾利斯

55

连续线条

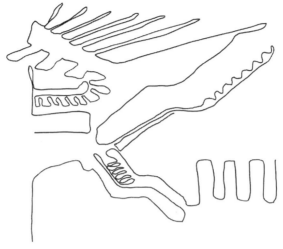

1. 选择一个室内环境。这个练习主要训练在绘画前仔细研究室内环境，然后用平稳、流畅、持续的线条画出这个室内环境。本例可以用两笔画完。缓慢地移动线条，画室内所有的元素，即便线条有所覆盖也没有关系。

为了遵循草图表现的原则，即绘画的过程比最后画出的结果更重要，这个练习突出了在绘画之前和之中认真观察绘画对象的重要性。研究完室内环境后，要决定从哪里落笔，因为一旦落笔，在完成之前只能抬起来一次。这个练习将帮助你训练绘制线条的持续性，因为时不时地抬笔会产生断断续续的线条，而自信平稳的线条能够提升你的草图表现水平并突出草图表现的主体。

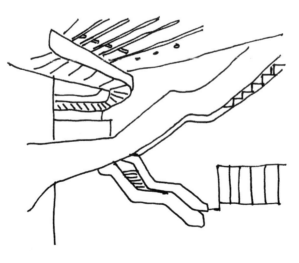

2. 画出详细的室内环境，如果笔需要离开纸面也可以。但是你会发现，尽量保持笔接触纸面会产生更加流畅的线条。

3. 选择同一个室内环境的另一个视角。一笔画完整个室内，在完成之前不要将笔离开纸面。可能你的线条会在空间中呈之字形前行，为的是连接顶棚上那些自由分布的带灯。

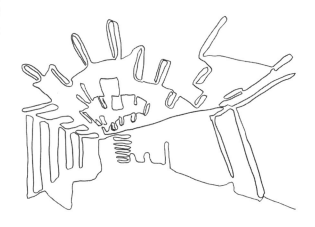

4. 画出详细的室内环境，如有必要，笔可以离开纸面。

案例介绍

21 世纪艺术博物馆
扎哈·哈迪德
2003 年，意大利，罗马

1. **第一部分：选择一个带有雕塑感的楼梯。**仔细观察楼梯，然后画出房间的轮廓，作为楼梯的框架。将笔放在轮廓的边界位置，然后开始不看纸面，画出楼梯。重复这个练习两遍。

雕塑性研究

这个练习讲解的是建筑及室内设计中具有雕塑性的元素，例如弯曲的楼梯或弧形的顶棚。在草图表现的过程中要经常观察雕塑元素，而不是一直盯着纸面。这强调了对绘画对象的研究，而弱化了绘画本身。不难发现，那些完全不看纸面而只是看着被观察的雕塑物体而画出来的草图有种松散自由的质感，这是绘画雕塑元素最理想的感觉。

2. 然后根据需要可以看着纸面，画出包含各种室内细节的空间的整体（例如本例中展示的椅子）。使用之前练习过的透视原则。

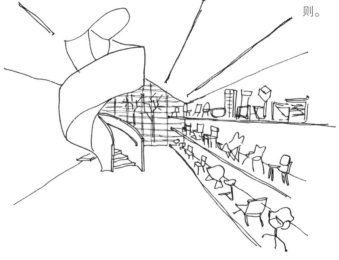

案例介绍

维特拉展厅

赫佐格和德默隆

2010 年，德国，莱茵河畔魏尔

3. 第二部分：选择一个带有雕塑感的顶棚。 画出顶棚与墙接触的轮廓。将笔放在轮廓的边界，开始不看纸面，画出顶棚。重复这个动作两次。在本例中，一个网状的顶棚其实是一个复杂的玻璃板组合，它连接两边的建筑和中间的室内中庭。

4. 画出这个空间的整体，如有必要，可以看纸面。

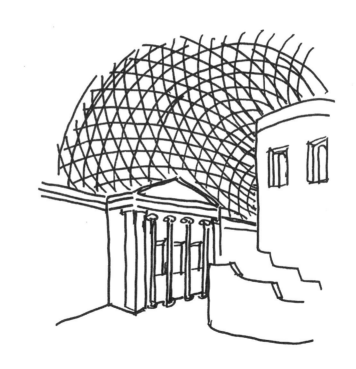

案例介绍

英国博物馆的中庭
福斯特及其合伙人事务所
2000 年，英国，伦敦

1. 先练习画不同的人形。可以是人的不同活动，包括行走、站立或是坐卧。人形的绘画适当添加细节即可，正如左侧例子所展示的，既可提供一定的比例参照，又不会分散观者对室内及建筑空间的注意力。有很多可以采用的风格，可以是抽象也可以是写实的，你应该找到和你的绘画风格相匹配的人形风格，找到你想要通过绘画传递的空间信息是什么。

体现一个室内（或室外）空间的比例感最好方式是加入人物。如果没有人物的对比，大家很难看出建筑的体量。加入人物也能体现人和空间的互动（例如坐在一个餐厅或是穿行在博物馆内）。它显示出空间是如何被利用的，从而创造出一幅充满活力、生动的绘画。

2. 在透视图中，所有成人人形的水平视野都连成一条线。离观者近的人形较大，而离观者较远的人形较小，但是他们的水平视野是在一条线上的。使用较粗的笔画出水平虚线，表示出视线的高度，然后画出离观者不同距离的人形。

3. **选择一个含有人物的室内环境。**用我们之前讨论过的方式（包括辅助线、透视方法等）画出室内空间。在本例中，一个多层的中庭空间包含错层和桥，人们出现在不同的高度。同一层次的人群会共享一个水平视野线，所有人群的水平视野线都沿着这条想象的辅助线延展。如果一个空间包含不同层次，正如本例一样，那么就会有多条想象的辅助线。首层的所有人群是一条视野线，尽管人群有大小（近远）之别。二层则是站立在栏杆附近的人群，他们共享另一条水平视野线。

案例介绍

国家美术馆东区建筑

贝聿铭

1978 年，美国，华盛顿特区

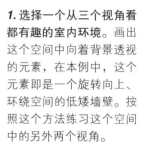

1. 选择一个从三个视角看都有趣的室内环境。画出这个空间中向着背景透视的元素，在本例中，这个元素即是一个旋转向上、环绕空间的低矮墙壁。按照这个方法练习这个空间中的另外两个视角。

视 角

三维物体和空间包含复杂的层次，一些元素向外突出，另一些则向里收缩。这一点首先在家具和灯具章节介绍过，它同样也适用于规模较大的室内空间。这个练习探讨的是在空间中不断变化移动的一个元素。观察物体离观者远近的变化可以增强你对层次感的理解，及如何以三维的方式看待这一物体。该练习同样强调了之前提到的法则：离观者较近的部分颜色较深，而离观者较远的部分则颜色较浅。

2. 对每个不同的视角，从深色（离观者近的部分）到浅色（离观者远的地方）给各个部分上色。

3. 画出空间中需要研究的
细节。就本例来说它们是
指艺术作品以及灯具等能
够展示出该建筑的博物馆
功能。这里面还包括人物，
突出了比例，也活跃了空
间的气氛。

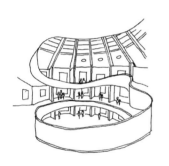  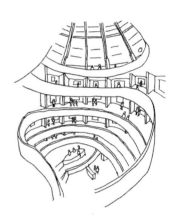

案例介绍

纽约古根海姆博物馆

弗兰克·劳埃德·赖特

1959 年，美国，纽约

前景和后景

为了画好室内空间，你必须要理解层次。复杂的室内空间包含从前景到后景等不同的层次。这个练习研究的就是这些层次，并用不同的灰度来代表不同的深度，以增加线稿无法体现的层次感。不同灰度值可以帮助我们理解哪些元素是向内收，而哪些元素是向外突。但这并不是阴影练习，灰度值并不是依据光源建立起来的。这个练习进一步思考的是物体离观者的远近产生的效果。完成练习后，你可以判断哪个能更有效地表示出空间的深度。

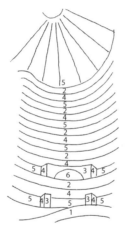

1. 选择一个具有复杂层次感的室内环境。画出室内空间，选用几个数字来代表各个元素离观者的远近，从 1 开始，1 代表离观者最近的。在本例中不同层次的元素（矮墙、顶棚和后墙）如果仅仅用线条绘画，很难辨认空间的深度。

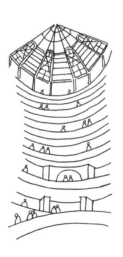

2. 画出室内的细节，包括能够表现比例的人物。

3. 用马克笔表现绘画，使用较深的灰色表现离观者近的元素（1）。随着数字的递增，它们的灰度值逐渐降低。线条绘画一般很难辨别出深度，而这种表现的版本却能表现出空间的三维感，在一些草图表现中非常关键。

4. 重复上面的步骤，但是
这一次用较浅灰度值的马
克笔表现较近的元素(1)。
随着数字的递增，灰度值
不断上升。

案例介绍

纽约古根海姆博物馆

弗兰克·劳埃德·赖特

1959 年，美国，纽约

放　大

1. **选择一个室内空间**。画出这个室内空间的草图。在这个图的外围画一个方形，将其标为 1。然后再用长虚线画出一个较小的方形，框出你想要突出的建筑元素，将其标为 2。最后再用短虚线画出一个更小的方形，框出在方形 2 里面着重需要突出和仔细观察的部分。

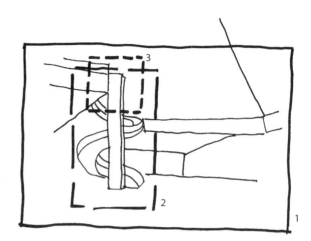

室内空间可以是很复杂的。一幅完整的手绘并不一定总能展示出空间的细节或独特性。这个练习是为了用放大的方法来使观者离空间的某个元素更近，从而进行更加细致的观察。首先绘出室内空间，然后放大到某个特定的建筑元素，进一步放大，绘出这个元素的细节。

2. 在方形 1 内画出室内景观。这个线条绘画捕捉到的是整体空间中最重要的元素。

3. 为画面增加更多的细节。

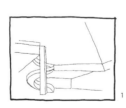

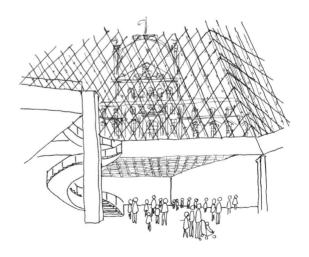

4. 画出方形 2 里面的建筑
元素。

5. 为画面增加更多的细节。

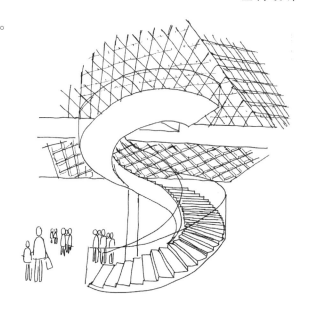

6. 画出盒子 3 里面的建筑
元素。

7. 为画面增加更多的细节。

案例介绍

卢浮宫玻璃金字塔

贝聿铭

1989 年，法国，巴黎

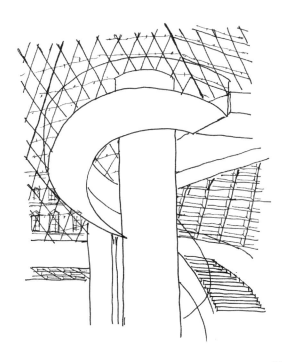

室内阴影

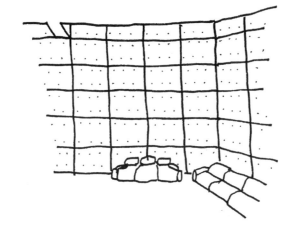

1. 第一部分：选择一个采光充足的室内空间。研究室内空间，根据已经学习到的方法完成线稿。在本例中，后墙和顶棚接触的地方有一束光投射到结构梁上，形成了强烈的阴影。

在家具和灯具一章里，我们学习了如何根据光源的方向绘制单一家具或家具组合的阴影，同时通过不同灰度值表示出不同的受光度，投射到地面上的阴影灰度值最高。尽管室内空间的比例比一个或一组椅子要大得多，但是阴影投射的原理同样适用。只是自然光不太容易调整（除非是通过窗户的变化来调整），它不像用人工的光源，比如一个台灯，可以随意调整光源，以获取比较有意思的阴影效果，如果你计划用自然光源来做绘画，那么你就需要在一天内的不同时间段在这个室内空间中观察天空中太阳的自然运动会产生什么样的室内阴影变化。本例运用的是自然光源。

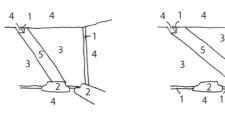

2. 绘制这个室内空间在一天中三个不同时段的三个草图，观察和记录不同时段所形成的阴影。确定不同阴影的灰度值，比如 1 代表最浅的灰度，5 代表最深的灰度。

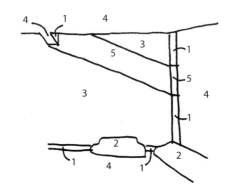

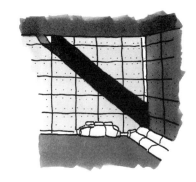

3. 给每个草图上色以代表不同的室内光的格局，表现一天中阴影的变化。为简单起见，限制灰度值最大为 5，对 1 区不上色（白纸的颜色即可）。然后 2 区用 20% 的灰度值，3 区用 30% 的灰度值，4 区用 60% 的灰度值，5 区用 80% 的灰度值。避免使用 100% 的灰度值，完全的黑色会主导整幅画，并减弱了灰色表现的阴影效果。

案例介绍

小筱邸住宅

安藤忠雄

1984 年，日本，兵库县芦屋市

4. 第二部分：选择一个复杂的带有采光的室内空间。 绘制出空间的建筑元素，用数字 1~5 表示阴影的不同强度（1 代表最浅，5 代表最深）。不管这个空间多么复杂，限制最大为 5，这样你就能通过马克笔形成对比（请记住你只有五种灰度值，所以如果你从 10% 开始，用奇数值形成更强的对比，那么接下来依次是 30%、50%、70% 和 90%）。在本例中，圣坛后面的墙壁上有一道光切进来，形成了一个十字的光源，它们向外散射出自然光，营造出有意思的光的布局和阴影的渐变。

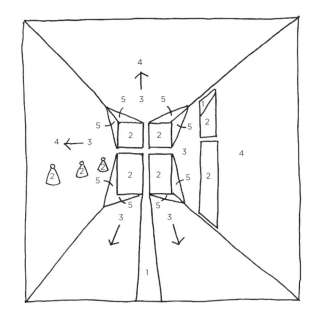

5. 创造出室内空间的线条图。 本例中混凝土墙和顶棚的连接线创造出密集的网格，从而辅助了空间的形成。

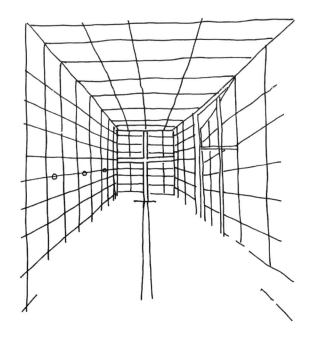

6. 给空间增加家具和灯具。根据透视原则确定视平线和灭点，这样所有的建筑元素和家具都会向着这个共同的点透视。

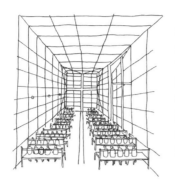

7. 使用马克笔根据标出的数值进行填充。为了突出对比度，强调最淡阴影的亮度，请不要给最亮的地方上色，也就是图上标有 1 的区域。让 1 区空白即可。在 2 区使用20% 的灰度值，在 3 区使用30% 的灰度值，在 4 区使用40% 的灰度值，在 5 区使用50% 的灰度值。

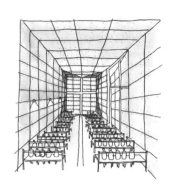

8. 在画面上再加上一层灰度。在 2 区使用 20% 的灰度值，在 3 区使用 40% 的灰度值，在 4 区使用 60% 的灰度值，在 5 区使用 80% 的灰度值。如果你真的很想让阴影跳跃或突出，那么 5 区可以使用 90% 的灰度值。更大的对比会创造出更多的动态感觉和引人注目的室内空间。你可以画出两个版本，看看自己更喜欢稍微均匀一些还是对比较为强烈一些的画面效果。

案例介绍

光之教堂
安藤忠雄
1989 年，日本，大阪

第三章

建筑设计

对称和样式

建筑的对称性在图纸上比看起来要更难表现一些。绘画中要复原建筑的对称比例并镜像某一侧的细节是很有挑战性的。这个练习使用中心线为指导画出对称建筑。然后当你多次重复这种镜像过程时，会产生有意思的组合样式，从而让你从一种全新的角度看待这个建筑。本例中的建筑具有一个简单的轮廓线，但是却在自身的对称结构中包含着许多突出的组合样式。

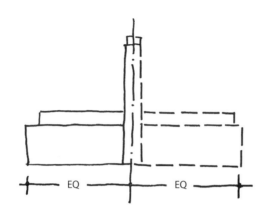

1. 选择一个对称的建筑。使用单点长画线画出中心线，然后用实线画出建筑一侧的基本元素。使用尺寸线表示出中心线两侧的相等间距。然后用虚线照着已画好的一侧建筑，对称地画出另一侧的建筑元素。你需要仔细观察你的建筑和你的绘画。很重要的一点是保证你的建筑两侧基本元素的比例精准对称。

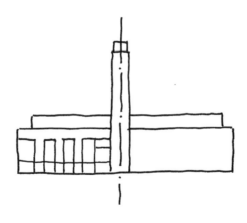

2. 在建筑的一侧加上基本的建筑细节，例如窗户的轮廓和其他建筑元素。在后面的步骤中，你将对照着画出中心线另一侧的部分。

3. 再画一遍这个建筑，这一次不画细节，先画出这个建筑地面层的一个水平辅助线，然后用之前在镜像练习（见 10 页）讲过的方法，在这个水平辅助线的下面将整个建筑倒着画出来。

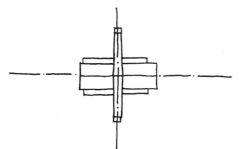

4. 在建筑的一侧增加基本的建筑元素。

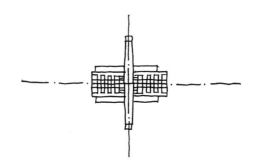

5. 在这对建筑的一侧尽头建立一个垂直的辅助线，然后在这对建筑的底部边缘建立一条水平的辅助线。用镜像的方式沿水平和垂直方向对折，这样你可以画出 8 个这样的建筑。

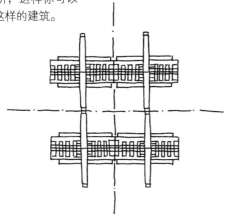

6. 为这组建筑上色，用较深的灰度值表现垂直的元素，从而突出建筑的垂直特性。

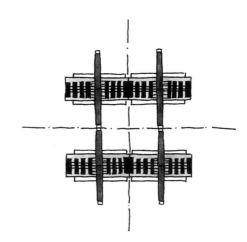

7. 然后再尝试着重新为这组建筑上色，用较深的灰度值表现水平的元素，从而突出建筑的水平特性。

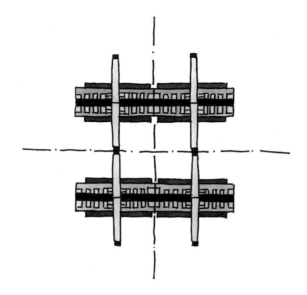

8. 先从垂直方向，然后从水平方向上镜像这 8 个建筑，从而创造出 32 个相同建筑，形成一种样式。如有必要，可以用辅助线进行镜像。为了进一步探索这一样式，你可以用不同的灰度值表现某些元素，以起到强调的作用，或是继续镜像下去，形成更多的样式。

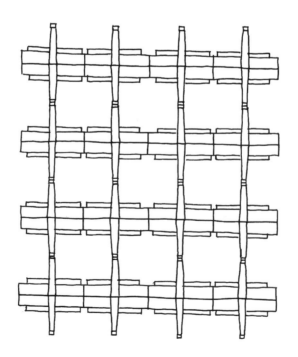

9. 画出建筑的外轮廓，然后标出中心线，并从一边开始增加建筑的细节。

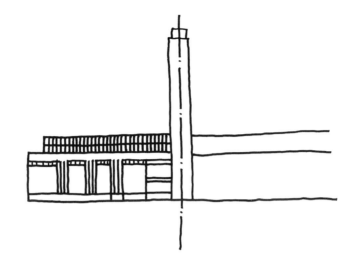

10. 将两边都画出细节，然后仔细观察你要画的建筑和你的绘画。你会发现建筑尽管是对称的，但是周围的其他元素并不是对称的。在本例中，由福斯特事务所设计的千禧大桥从左侧接近该美术馆。大桥和树木为绘画增加了更多的内容并打破了这种对称性，展示了更加鲜活的城市生活图景，比单纯孤立的对称建筑更加真实（景观绘画的练习请参考102 页的植被绘画练习）。

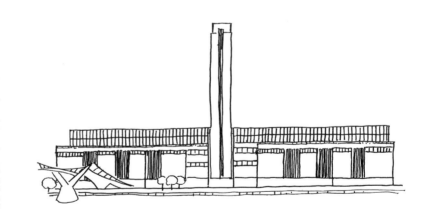

案例介绍

泰特现代美术馆
赫佐格和德默隆
2000 年，英国，伦敦

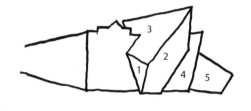

1. 选择一个包含有不同单独元素的复合型建筑。将你选择的建筑抽象为不同的简单的形状。根据它们离观者位置的远近给每一个形状设定一个数字——从 1 开始表示离观者近的部分，到 5 表示离观者最远的部分。

这个练习着重使用抽象概念来研究建筑的雕塑性特质。我们之前练习过如何使用抽象概念，它可以应用到小物件（家具）到中型规模的对象（室内空间）的草图表现，现在我们看看它如何应用到大规模物体（建筑）上。将这一概念应用到对建筑的研究中是非常有益的，尤其是在处理复杂或不规则形态时。在本例中，一个现代的附加结构（右侧）与一般的对称性建筑（左侧）形成反差——其附加结构的多角度和不规则形状使建筑充满动态的变幻，使其可以从不同层面分开审视。从不同角度来观察一个元素还能使观者可以对建筑有不同的体验。

2. 用灰色马克笔表现这些不同部分，随着离观者由近到远，而灰度值由最深到最浅。

3. 单独画出这些组成元素的形状。

4. 把这些形状像拼图一样
画出，然后用拼贴的方式
进行抽象绘画。这是一个
有意思的过程，用于探索
形状并从新的角度来审视
它们。请多次重复这个练
习。

5. 根据指定的灰度值给组
成部分上色。

6. 画出这个建筑的细节。
在本例中，新增加的部分
黏合在既有的建筑之上，
或是看起来好似是坠落在
既有的建筑之上，所以对
新旧建筑都要进行细化，
尽管可能更要突出的是现
代的部分。

案例介绍

安大略皇家博物馆

丹尼尔·里伯斯金

2007 年，加拿大，多伦多

负空间

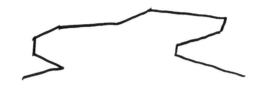

1. 选择一个造型有趣的**建筑**。用粗笔，画出环绕这个建筑的外围线。通过这个形体的外围线创造出一个整体室外空间的轮廓线。

　　这个练习重点研究一个建筑周围的空间。正如之前的练习中提到过的，对负空间的注重有助于提高草图表现的能力。对于负空间或是空隙的着力刻画会突出建筑的形式感。这些空间也可以从不同的角度进行观察，可以是环绕建筑的一条线，一个形状，或是一个坚固的形体。在本例中，通过不同的角度观察建筑，可以为观察它的负空间创造独特的机会和探索的可能。

2. 用黑色马克笔较细的一头，将建筑外部的区域用细密的线条表现出来。

3. 用黑色马克笔较细的一头，将建筑外部的区域用疏松的线条表现出来。

4. 想象环绕这个建筑的虚拟方形，然后画出建筑和方形之间产生的图形。

5. 用不同灰度值对这几个图形进行表现，形成对比。

6. 用其中一支灰色马克笔较粗的一头松散概略地表现出建筑周围的空隙。

7. 画出整个建筑，重点是通过负空间画出建筑的形态。

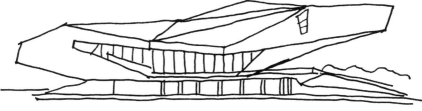

案例介绍

阿姆斯特丹"EYE"电影博物馆

意大利 DMAA 建筑事务所

2011 年，荷兰，阿姆斯特丹

表 现

一个建筑可以有很多种表现方式，你的理解是独一无二的。根据建筑以及它所营造的氛围感觉，你可以创作出特别严谨的草图表现，抑或是轻松的、趣味性强的草图表现图。这个练习带你探讨一个建筑，以及它所传递的能量。 在你完成这个练习之后——从快速草图表现到慢速草图表现，从疏松的线条到紧密的线条，从少量的细节到高度缜密的细节——你可以自问哪种方式最好地表达了你对这个建筑的理解，抓住了建筑的感觉。

1. 选择一个颇有动势的建筑。使用较粗的笔对这个建筑进行快速草图表现，如果你习惯用右手，这里请换成左手来画，如果习惯用左手，那么这里请换成右手来画。这个练习的美好之处就在于我们只关心建筑，而不计较你绘画的最后结果。在本例中教堂的弧线传递了一种能量，因此疏松的线条正好能抓住建筑想要表达的内容。

2. 用黑色马克笔较粗的一头快速地描画出建筑的形态，并对其内部进行填充。

3. 用黑色马克笔较粗的一头再一次快速地用较粗的笔触勾出建筑的轮廓。

4. 用马克笔的粗头再画出一幅画，花更多的时间在建筑的形态和细节上。

5. 用黑色马克笔较细的一头通过疏松的线条，展现出建筑的更多细节。

6. 用较粗的画笔，画出建筑的更多细节。

7. 用中粗的画笔，最后一次将建筑的形态和所有细节都画出来。

案例介绍

罗马千禧教堂
理查德·迈耶
2003 年，意大利，罗马

建筑材料

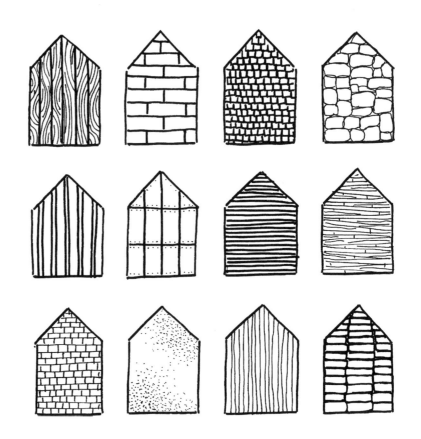

表现出建筑的材质会使建筑草图表现传递更多关于建筑的信息。这个练习为大家介绍普通的建筑外立面材料的绘制方法，包括木材、石料和混凝土。这些材料再具体结合到一个案例上，即一个多山顶的房子。

1. 画 12 个方块（或是一个简单房子的轮廓，正如这里画的）。每个房子内用不同的材料进行填充。可以使用例子里的材料，也可以用你自己想用的材料。在中粗和粗笔之间转换，探索不同的笔触引起的材料表现效果的变化。用细笔画出的材料更加细腻，不会太喧宾夺主，但是如果你想让材料显得更为突出或是占主导，可以选择中粗或粗笔。

上图的表现图代表了以下材料：
（上）：有纹理的木材，光滑的石材，木头墙板，粗糙的石材
（中）：隔板木，混凝土，木头，金属或乙烯基树脂，不同长度的木条
（下）：砖块，灰泥，波状铝扣板，表面不平的石材

2. 选择一个建筑。研究并
绘制它的线稿。

3. 将建筑各个部分使用不
同的材料表现出来。

4. 画出建筑，然后将其实
际用到的材料表现出来。

案例介绍

弗莱彻住宅

胡·纽威尔·詹克布森
2003 年，美国，田纳西州，
纳什维尔

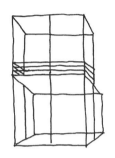

1. 选择一个建筑。画出建筑的最外层。在本例中这个框架是它的结构以及住宅后侧走廊或阳台的扶手，这些是首先表现出来的。

建筑层次

之前提到层次是指在一个透视图中相互叠加的元素，而在这个练习中我们将从字面上理解它，即将一个建筑的实体组成进行剖解。通过理解组成建筑外立面的不同部分，并将其作为单独的建筑元素进行研究，你会对建筑作为一个整体有更深的理解。

2. 将上一步所画出的图层剥掉，开始画另一层。不同面积大小的窗户的抽象布置是这一步我们所需要表现出的。

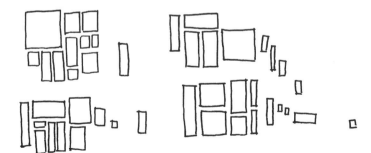

3. 再画出下一层——在本例中，这一层指的是建筑外表皮覆盖的水平木条。

4. 当一层层剥离开后，剩下的就是建筑的基本形态，画出这个基本的形态。

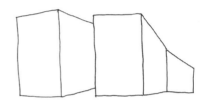

5. 现在你对建筑的层次有了更深的理解，这时候画出整个建筑。如果你是用墨线笔的话（也就是无法擦掉修改），那么你可以从离你最近的层次开始画，然后慢慢过渡到离你较远逐渐消失的层次。

案例介绍

Y 住宅

斯蒂芬·霍尔

1999 年，美国，纽约，卡次启尔

建筑楼层

刚才介绍了 Y 住宅的实体层次，但是层次也会发生在大型建筑中。现在介绍的是水平层次的出现——尤其是高层建筑中。当要画这类建筑时，观察楼层并理解建筑整体结构网格是十分关键的。本例是两个紧挨着的 16 层的塔楼，它们具有相似的建筑语言。

1. **选择一个高层建筑。**绘制一个图表显示建筑的地面层、各个楼层及建筑的屋顶层，然后从第一层开始用数字每隔四层标示出来。

2. 使用马克笔较粗的一头隔层画出楼层，突出其层次。

3. 大概勾出建筑的轮廓，突出建筑的楼层。

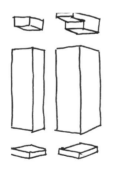

4. 分部分画出这个建筑，突出一个高层建筑或是摩天大楼的三个基本元素——基底（底部），核心筒（中部），屋顶（顶部）。

5. 然后将各部分连在一起画出建筑整体，绘制出楼层线及其他更多建筑细节。

6. 增加建筑的垂直元素，例如画出玻璃幕墙结构。

7. 画出建筑所处的环境。从这个塔楼望去，可以看到远处的帝国大厦，还有其他各种各样的建筑及屋顶。虽然这些背景或环境细节比较少，但是这些周围的建筑和树木突出了城市多层次的复杂性。

8. 用马克笔画出你想突出的建筑的某个部分。在本例中，玻璃是用 70% 的灰度值表示的，主要是为了与白色的阳台形成反差。这就使建筑从城市的环境中突出出来，使其更有辨识度。

案例介绍

佩里街 173 和 176 号
理查德·迈耶
2002 年，美国，纽约

在家具和灯具及室内设计的章节，探索过透视法，也提到当视野内的所有元素都落在一条正交线上，并隐退到灭点的情况。这个在建筑中更加明显，更大的尺度让你能够更加深刻地理解这个原则。如果你从街的一头走向另一头，边走边观察一个建筑的时候，你会发现透视的变化以及灭点从建筑一侧转到建筑背后，然后再转到建筑的另一侧。这个练习就是考察这些细微的变化，记录途中三个不同的灭点。本例中建筑抽象的体块形态在每个不同的灭点上创造出有趣的几何视效。

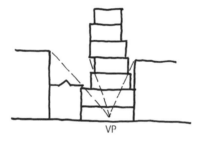

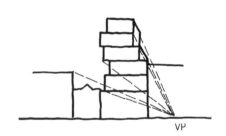

1. 选择一个你可以从三个点观察的建筑。从第一个沿着你观察路径的点开始，标识出灭点，然后从灭点处引出虚线至你所观察的建筑及其周围（如果可以）。用较粗的笔画出这个建筑的基本形态，然后再在另外两个沿途的点上重复这个练习。

2. 选择其中一个角度来
进行上色，将离地面（或
是观者）近的元素用深灰
色涂色，将离观者远的元
素用浅灰色涂色。很多室
内物体的透视是水平方向
的，而高大的城市建筑则
是垂直透视的。取决于观
者的位置和建筑的高度，
一些建筑还会逐渐透视到
一个位于建筑之上的灭点
上；这就属于一种三点透
视的问题，将会在多点透
视练习中讲到（见 **94** 页）。
这里我们仅用灰度值来制
造出一个高楼慢慢向着天
空褪色或者渐变的趋势。

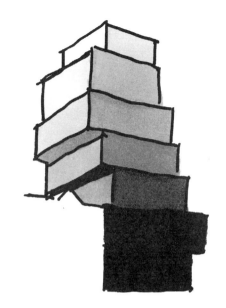

3. 沿着这条观察路线的
不同点完成最终的三幅绘
画。在本例中，路标、艺
术品以及路边的出租车等
细节给建筑定义了属性，
并赋予其城市性的参考。

 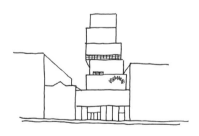 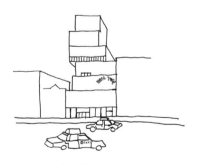

案例介绍

新当代艺术博物馆
SANAA 设计事务所
2007 年，美国，纽约

1. **选择一个带有弧形立面的建筑。**用粗笔以两点透视画出建筑（从拐角看去）。在这个阶段，把建筑当成是直线性的。标出灭点，它是由建筑外轮廓的实线延伸出的虚线相交形成的。

建筑弧面

绘制带有弧形元素的建筑需要运用一些绘制直线性建筑的基本方法，但是会需要更多其他方法的辅助。这类元素会使建筑线条流畅灵动，你的绘画也应该反映这点。本次的练习是基于之前介绍过的透视方法之上。该例子选取的两个建筑突出了塑造建筑弧线的不同方法。

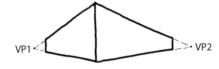
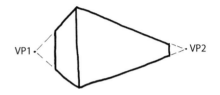

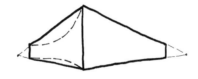
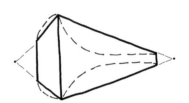

2. 研究建筑的基本形态，在立面上用中粗的笔以虚线画出轮廓的弧线。左侧的建筑有一个弧线的立面（轮廓内画出的虚线弧线）和一个直线的立面。右侧的建筑是一个月牙的形状。因此从拐角处看这个建筑，可以看到向外凸起的弧形伸到了拐角左侧的建筑轮廓线之外，而拐角右侧内部的向内凹的弧形则停留在轮廓内。

3. 在没有辅助线的情况下
画出整个建筑的轮廓。继
续练习直到实现一次性画
出一条流畅的曲线。

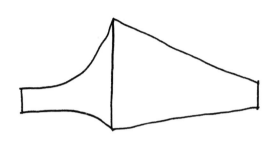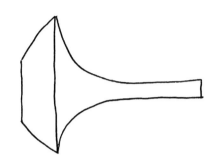

4. 画出建筑及外部环境的
细节，包括人行道上的铺
装、室外的台阶和植被。

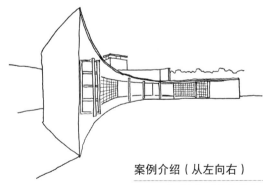

案例介绍（从左向右）

圣三一音乐和舞蹈艺术学院
赫佐格和德默隆
2003 年，英国，伦敦

新月住宅
Make 建筑师事务所
2000 年，英国，威尔特郡

多点透视

本书的大部分内容侧重于一点透视和两点透视的理解和掌握，正如之前讨论过的，一点透视发生在你直接看向一个建筑时，而两点透视则是发生在当你与这个建筑呈一定角度或在拐角的地方观察它时。但是有很多建筑包含多个灭点。这类建筑一般是有着复杂的屋顶轮廓线或是奇特形态的现代建筑。本练习将考察草图表现中的三点透视，当向上看或向下看一个建筑时，我们也会讨论在平均视点高度（1.52m）看去，那些更复杂的有着四个甚至更多灭点的建筑。

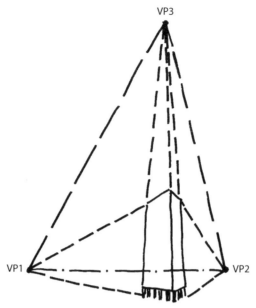

三点透视的五个原则：

1. 两个灭点位于视平线上。

2. 第三个灭点位于水平线以上（如果是向上看的话），或是在水平线以下（如果是向下看的话）。

3. 所有的线条都透视到某个灭点上（没有水平或垂直的线）。

4. 所有的物体都会随着距离越远而变得越小。

5. 所有物体都会缩短，因为所有的元素都位于正交线上。

1. **第一部分：选择一个高层建筑。**用三点透视的方法画出这个建筑，首先是向上看这个建筑，画出虚线辅助线和灭点的位置。

2. 用粗笔迅速地画出这个建筑，增加一些建筑细节。

3. 向下看这个建筑，还是利用三点透视的方法。在现实情况下，你可能无法在那么高空的地方观察这个建筑，但是你可以用所学到的技巧想象从这个角度所看到的建筑。画出虚线辅助线并标出灭点的位置。

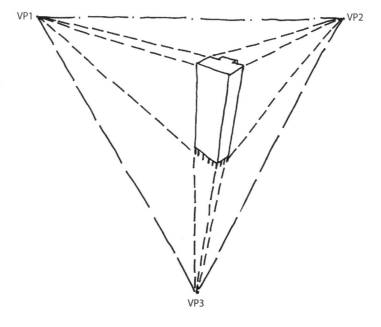

4. 迅速用粗笔画出建筑，增加一些建筑细节。

案例分析

西格拉姆大厦

密斯·凡·德罗

1958 年，美国，纽约

5. 第二部分：**选择一个有着多个灭点的建筑**。根据各自的灭点勾勒出建筑的基本形态。然后用 1、2、3 等数字标识出不同的组成部分，区分出它们所来自的不同灭点。这个建筑来源于基本的房屋形态，但是却以一种全新的方式进行组合，因此每个部分都有其独立的灭点。

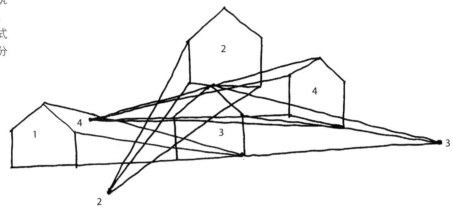

6. 为了简化多灭点所带来的迷惑性，请将每个来自不同灭点的元素用不同灰度值表现出来。

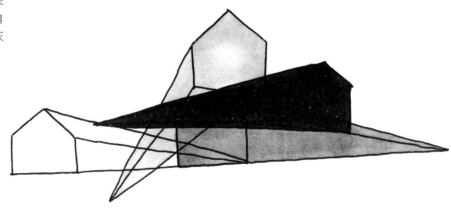

7. 画出建筑，将透视原则
应用其中。

案例介绍

维特拉展厅
赫佐格和德默隆
2010 年，德国，莱茵河畔魏尔

全视野

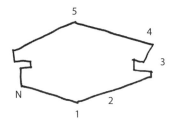

1. 选择一个具有多变有趣立面的建筑。画出这个建筑的外轮廓平面图，然后标出你想画出的不同立面，从 1 开始环绕建筑标出数字。这是一个很好的练习，只要有可能，都要在建筑平面图上标出正北方向。

现代主义建筑中一个最关键的点是建筑一定要从不同的角度完整地欣赏。一个经典的建筑总是会有一个主导的立面，而这一面有时也成了理解这个建筑的唯一角度，但是为了全面地理解一个现代建筑，一般最好是沿着建筑周边走一圈，在此过程中仔细研究每个立面。在本例中观察一个多角度的建筑（不同于传统的平面、立面建筑）会产生有趣的效果。从前立面哪怕只是挪动几步就会发现建筑的视觉效果会发生巨大的变化。

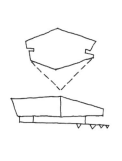
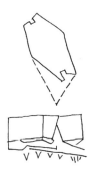

2. 在草图中画出从每个角度所看到的不同立面，从数字 1 视角开始。然后在草图上画出建筑不同角度的平面图。随着角度的不同，平面图也随之旋转。用虚线标出每幅草图的视域，两条虚线相交的那个点即是视点。

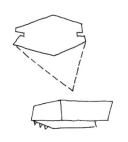

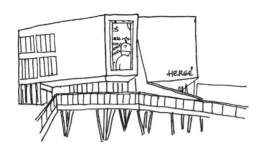

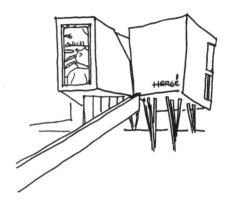

3. 选择其中的三幅草图，
然后为其增加更多的建筑
细节。

案例介绍

埃尔热博物馆
克里斯蒂安·德·波特赞姆
巴克
2009 年，比利时，新鲁汶

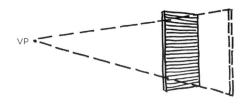

1. 选择一个带有可动部分的建筑。练习绘制这个可动的部分（例如一扇门）。画出这个面关闭时的样子，然后表现出材料（在本例中是木板条）。再画出这扇门打开时候的样子。标出延伸到灭点的虚线。

一些建筑会因为一个面板的开合而发生极大的变化，这个元素可以是一扇门、百叶或是窗户，它能改变整个室内空间的感觉，以及室外建筑的表现。这些元素一般是借助一个颌、枢轴或轨道进行转动——进而实现封闭或黑暗到开放或光亮的转变。这个练习就是为了分析这些元素，尤其是如何运用透视的方法来细化这些元素。本例选取了带有一个巨大面板的住宅，进而结合建筑整体进行分析。

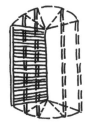

2. 再画出面板关闭时候的样子，用虚线标识出打开的样子。从封闭的面板的顶端和底端延伸出一条弧线虚线，连接到打开状态的面板顶部和底端。然后想象着沿着这个弧线画出不同阶段不同开合程度状态下打开的面板，表现出这个面板从关闭到打开的过程。

3. 然后再画出面板关闭时候的状态。依次用深灰色到浅灰色表现出不同的打开状态，深灰色表示离观者最近的面板，浅灰色则是离观者较远的面板。

4. 画出整个建筑的三种状态，依次是面板打开的状态，半打开的状态及关闭的状态。

5. 单独画出这个面板，表现不同的状态：关闭、半开和打开。然后用深灰色表现出关闭时候的面板，用中灰色表现半开的面板，用浅灰色表现打开的面板。

6. 使用之前学习过的方法，表现出这三种状态下的建筑的材料性。在本例中，可以用细笔画出水平排列的不同长度的木板条。

案例介绍

盒子住宅
林璎
2006 年，美国，科罗拉多州，
特柳赖德

植 被

融合周围的景观，包括树木等其他植被到你的绘画中可以为建筑增添更多的生气和一种城市景观。在这个练习中我们将探讨不同植物的绘画方法，从真实性的到较为抽象一些的，再到如何将这种不同的风格和建筑绘画相结合。本例中我们所要画的建筑处于两棵巨大的落叶植物的绿荫中。

1. 用黑色马克笔的细头画出一条地平线。然后用不同的画风大概画出 7~8 棵落叶树木，从一个简单得像棒棒糖一样的轮廓到更加精细的、带有树枝或分树枝的描绘。画出树木在一年不同季节中叶子不同的生长状态。

2. 用马克笔画出另一条地平线。然后画出 7~8 棵更多不同的树，包括常青树（那种一年四季都有叶子的植物）、棕榈树（这对于画位于热带的建筑有帮助）。你也可以用你自己的方法来画树，并探索灌木、花卉和其他植被。

3. 选择一个位于一棵或
两棵大的落叶树木之间的
建筑。根据你所看到的画
出这个建筑以及附近的树
木。然后画出在不同季节
不同状态的建筑和树木。
本例展示出了树木在冬季
（左上），春季（右上），
夏季（左下），秋季（右
下）的状态。

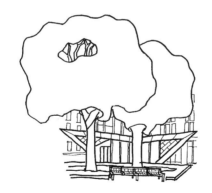

案例介绍

伦敦金融城信息中心
Make 建筑师事务所
2007 年，英国，伦敦

建筑阴影

当绘制家具和室内的时候，我们能够随意使用人工光源来制造阴影。但是当绘制室外景观的时候，我们必须要依赖自然光源来画出遮阴效果。这意味着如果我们想要理解自然光对于室外的效果，我们必须要亲眼去观察建筑，观察它在一天中太阳移动的不同时段所产生的阴影效果。在这个练习中你需要观察建筑在一天中的变化，来探索太阳光在建筑身上留下的阴影变化效果。本例中选择的是一个极简风格的建筑，目的是将焦点转换到对光影的变化的绘制上来。

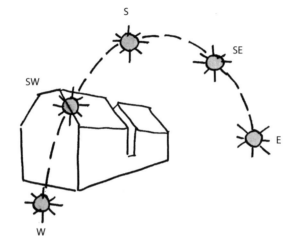

1. 选择一个小而简单的建筑。描绘出建筑的基本形态。在你的草图中，用虚线标识出太阳移动的轨迹——随着它从东方升起再到东南方，南方，西南方，最后从西方落下。为了对太阳移动以及它所产生的阴影有更深的理解，你需要去建筑所在地考察至少 5 次：清晨，上午，中午，下午和夜幕来临之际。

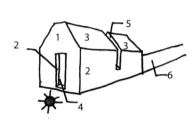

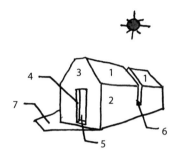

2. 画出五个不同的草图，代表太阳不同位置。在每个草图上，用数字编出光照区域，用数字 1 代表最明亮的区域，以此类推，然后再画上太阳的位置（代表一天中的某一时间段）。标出投射到房屋上的阴影以及投射到地面上的阴影。

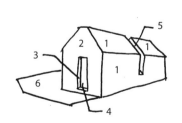

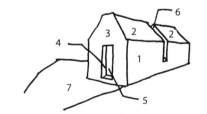

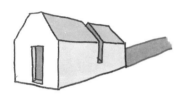

3. 画出每个建筑，根据你所标出的数字给每个面上色（如果数字是 1 的话那么就用空白色表示）。

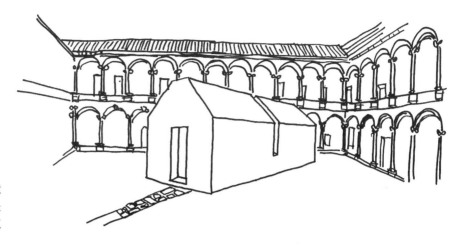

4. 将建筑放到周围环境中。这个石屋其实原来是放在一个被柱廊结构建筑围护的庭院中做展出的。

5. 选择一个或所有的之前阶段所练习的绘画，然后练习将周围建筑进行阴影表现。根据一天中不同时段进行标注和绘画。

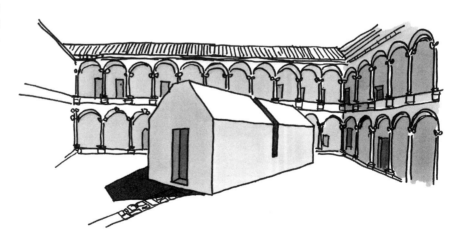

案例介绍

石头房子
约翰·帕森
2010 年，意大利，米兰

最后练习

这最后一个练习是将所有之前三章所讲到的主要概念融汇在一起。这是一个浓缩的总结，目的是在你绘制建筑细节之前，教授你如何进一步研究建筑的方法。这六个步骤很容易记住，而且适合快速草图表现，因此这样的练习特别适合在户外写生的时候用。这个练习包含以下几种方法：将建筑抽象为简单的形式；看着建筑而不是画板（其实是重过程而轻结果的一种方法）；缩小到一个小细节上；将周围环境囊括进来；将阴影效果囊括进来。这个练习中所选的建筑都是城市中非常显眼的地标建筑。

1. **选择三个不同类的建筑**。研究单一、抽象的形态和基本的几何结构，画出建筑的组成元素，关注每个组成单元之间的关系。

 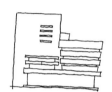 

2. 绘制的时候不要看画板，而是盯着建筑。这是一个在雕塑性研究练习阶段提到过的一种方法（见58页），当时我们用这个方法画楼梯和顶棚。这是一种很好地将全部注意力集中到建筑形式上的方法，而不是担心画得怎么样。

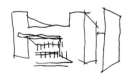  

3. 然后缩小观察范围，画出每个建筑中有趣的一个细节。放大这个细节进行观察，可以鼓励你去思考建筑师的设计概念和设计意图，同时激发一种个性化的研究过程。

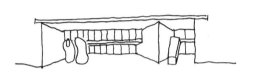  

4. 画出建筑的整体——留意线条的力度、不同形式之间的连接方式、不同元素之间的互动以及由此过程中生成的负空间。考虑不同层次的建筑细节。

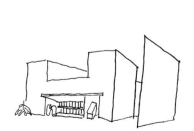  

5. 画出建筑的周围环境，不管是乡村的、郊区的还是城市的环境。正如之前讨论过的，建筑很少是孤立存在的——周围的环境在设计概念中扮演着很重要的角色。增加周围环境的元素，包括其他建筑、植被、交通和人。

6. 用本书之前讨论过的明暗面和阴影的概念，研究和决定太阳的位置，以及由此形成的阴影，使用灰色的马克笔标出这些建筑及周围环境所形成的阴影。这些练习包含很多本书中探讨过的概念和想法，是对建筑及其周围环境的一种个性化的独特解读。

案例介绍
从上到下

国家美术馆东翼建筑
贝聿铭
1978 年，美国，华盛顿特区

所罗门·R·古根海姆博物馆
弗兰克·劳埃德·赖特
1959 年，美国，纽约

荷兰银行大楼(跳舞的房子)
弗兰克·盖里和弗拉多·米卢尼克
1996 年，捷克，布拉格

关于作者

斯蒂芬妮是美国密歇根州安娜堡市密歇根大学建筑学本科和建筑学硕士。目前她是华盛顿特区乔治·华盛顿大学（GW）的室内建筑和设计项目主任。在从事学术教学之前，她曾经在纽约工作，就职于晋思事务所（Gensler）及文森特·沃尔夫建筑师事务所（Vicente Wolf Associates），作为乔治·华盛顿大学的副教授，斯蒂芬妮主要关注建筑设计工作坊课程、建筑制图及现代建筑和设计历史的领域。她的研究聚焦设计的教学法及现代建筑设计。曾在美国及国际范围内的设计人会上就相关主题发表过文章并进行演讲。

致谢

　　感谢利兹·法波,皮特·琼斯,约·阿兰,劳伦斯·金和劳伦斯·金出版社的全体员工。另外特别感谢安娜·贾泊润和布鲁克·艾德姆及 GW 的室内建筑及设计系。感谢我的丈夫马克,女儿瑟曼萨和儿子马修,我的母亲朱迪斯,父亲亚历山大,姐妹蜜谢尔的一贯支持。

　　部分内容之前曾经出版于《国际设计教育周刊》第三期第七册中。